发型师专业编发造型基础教程

Basic Braiding

陈冠伶 潘庆煌 张美玲 著

U0333850

人民邮电出版社

北京

图书在版编目（CIP）数据

发型师专业编发造型基础教程 / 陈冠伶，潘庆煌，
张美玲著. -- 北京：人民邮电出版社，2017.6
ISBN 978-7-115-45530-7

Ⅰ. ①发… Ⅱ. ①陈… ②潘… ③张… Ⅲ. ①女性－
发型－设计－教材 Ⅳ. ①TS974.21

中国版本图书馆CIP数据核字(2017)第081949号

内 容 提 要

　　编发是发型师最常用到的发型设计技术，只要熟练应用各种编发技术，就能设计出多种多样的发型。本书专门针对编发技法，从最基本的单股扭转辫、鱼骨辫、倒梳等技法讲起，同时延伸出单股技巧造型、两股技巧造型、三股技巧造型以及多种技法混合造型共28款。书中采用分区示意图和详细实拍图并行的方式，详细图解了各类技法及造型的全过程，尤其适合零基础读者学习。

　　本书适合发型师、新娘造型师、美发学校师生阅读。

◆ 著　　　　　陈冠伶　潘庆煌　张美玲
　　责任编辑　　李天骄
　　责任印制　　周昇亮

◆ 人民邮电出版社出版发行　　北京市丰台区成寿寺路 11 号
　　邮编　100164　　电子邮件　315@ptpress.com.cn
　　网址　http://www.ptpress.com.cn
　　北京缤索印刷有限公司印刷

◆ 开本：787×1092　1/16
　　印张：12　　　　　　　　　　　2017 年 6 月第 1 版
　　字数：233 千字　　　　　　　　2017 年 6 月北京第 1 次印刷
　　著作权合同登记号　　图字：01-2016-5343 号

定价：79.00 元
读者服务热线：(010)81055296　印装质量热线：(010)81055316
反盗版热线：(010)81055315
广告经营许可证：京东工商广字第 8052 号

序

　　你还认为梳发、编发是传统服务技术吗？请颠覆三股辫等同于乡土造型，盘发只有年长者才适用的刻板印象吧！现今，我们常可以在美发沙龙里听到顾客向设计师指定造型，"我想要南洋度假风""我想要法式优雅""我想要希腊女神的浪漫""我想要日系萌发造型"等等。通过近几年时尚节目及报章杂志的渲染，消费者除了有基本的剪、烫、染需求外，还对梳编发推崇备至，梳编发已经是最当红、最时尚的美发技艺！

　　从基本的工具认识，到分析发型设计的美感及纹理线条，乃至最重要的设计原则，本书将为你——揭开发上技艺的神秘面纱。当今的梳编美感已经从过去的整齐、光亮、平衡，转变为强烈的对比线条，丰富且凌乱的纹理，同色系却可以展现出强烈渐进的颜色，低调中却透露着华丽的造型，这些都是本书所要表达的时尚语言。你将学到各式编发技巧，无论是单独技艺还是混合的技艺，拥有这本书，你将可以走在发上技艺的前端！

目录 contents

第一章

编发基础技法

1.1 理论与工具

设计原理

四个基本设计元素

1. 外型

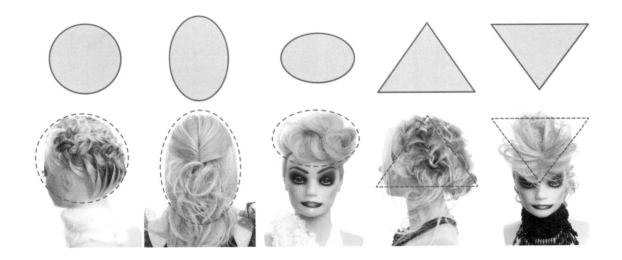

2. 方向

3. 纹理

静止的

活动的

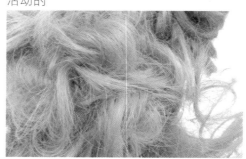

4. 颜色

和谐

对比

设计原理定义：

1. 重复：所有设计都相同且一致。

2. 交替：两种或更多种设计依一定的顺序重复着。

3. 递进：有比例并渐续性地变大或缩小。

4. 对比：以完全不相同的方式安排设计。

5. 平衡：平衡是一种可见的重量，可运用在对称或不对称的设计中。

工具介绍

头模①

22　渐增层次型。

头模②

18　渐增层次型。

定型液

功能：便于控制发丝，或固定发型。

闪亮喷雾（亮油）

功能：增加亮度与轻微控制力。

鬃毛梳（细）

功能：调整表面纹理，亦可用于浅层倒梳。

金属圆梳

功能：梳整或打造头发纹理。

通气发梳

功能：梳整线条，控制发根方向。

电卷棒（32mm）

功能：塑造头发如电熨般的纹理。

多功能造型夹

功能：可做出烫直、玉米须等发型效果。

尖尾梳

功能：小面积梳理头发或挑出发片。

针尾梳

功能：小面积梳理头发或挑发片。

鸭嘴夹

功能：暂时辅助固定发型。

U 形夹

功能：暂时辅助固定发型。

发夹

功能：暂时辅助固定发型。

T 针

功能：辅助固定发型。

小平夹（加垫片）

功能：暂时辅助固定发型。

橡皮筋

功能：辅助固定发型。

弹力绳

功能：辅助固定发型。

珍珠 U 形夹

功能：妆点发型。

按摩梳（软垫梳）

功能：大面积梳理头发。

1.2   基础技法

×   <mark>发夹加橡皮筋</mark>

取两条橡皮筋。

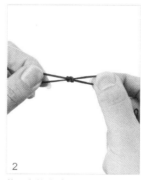

将两条橡皮筋绑一个 8 字结。

将两条橡皮筋拉紧，并确定已绑紧。

将其中一条橡皮筋拉开。

将发夹插入步骤 4 被拉开的橡皮筋中。

最后将发夹拉出即可。

单股扭转 ×

1 取一束发片。

2 用拇指及食指扭转发片。

3 边扭转边向发尾移动。

4 此为基本的单股扭转技巧。

5 如需丰富的造型纹理，可以使用扩大技巧。一手抓住发尾，一手进行扩大动作。

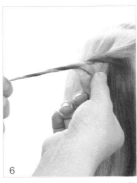

6 视造型需求大小抽拉出适当蓬松度。

7 最后检查不同角度的蓬松需求即可。

× 两股交迭（鱼骨编）

1 取一束发片。

2 将发片一分为二。

3 从两束发束最外侧各取一小束发束。

4 右侧发束进入，交迭于中心发束。

5 再使左侧发束进入，交迭于中心发束。

6 再从两束发束最外侧各取一小束发束。

右侧发束进入，交迭于中心发束。

左侧发束再进入，交迭于中心发束。

再由两束发束最外侧各取一小束发束。

按步骤7～步骤9依序编制到发尾，此为基本两股交迭技巧。

如需丰富的造型纹理，可以使用扩大技巧。一手抓住发尾，一手进行扩大动作

视造型需求大小抽拉出适当蓬松度，并检查不同角度的蓬松需求。

× 两股扭转

1

取一束发片。

2

将发片一分为二。

3

先将左侧发束往右边交迭，并用双手拇指及食指向外扭转两发束。

4

扭转发辫的方向，使其与交迭发辫的方向呈反方向。

5

扭转发辫的方向，使其与交迭发辫的方向呈反方向。

6

依序编制，此为基本的两股扭转技巧。

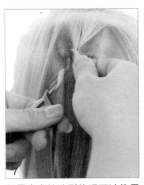

如需丰富的造型纹理可以使用扩大技巧。一手抓住两束发尾，另一手进行扩大动作。

视造型需求大小抽拉出适当蓬松度。

视造型需求大小抽拉出适当蓬松度。

最后检查不同角度发丝的蓬松度。

× **三股编**

1 取一发片。

2 将该发片分成三束。

3 左侧发束进入，交迭至中心发束。

4 右侧发束进入，交迭至中心发束。

5 左侧发束再进入，交迭至中心发束。

6 右侧发束再进入，交迭至中心发束。

7

按步骤3～步骤6依序编至
发尾，到此为基本的三股编
技巧。

如需丰富的造型纹理可以使用
扩大技巧。一手抓住发尾，另
一手进行扩大动作

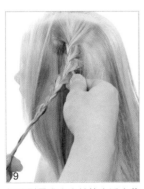

9

视造型需求大小抽拉出适当蓬
松度。

10

检查不同角度的发丝蓬松度。

三股加编（0°）

1 取一束发片。

2 将该发束分成三束。

3 左侧发束进入，交迭至中心发束。

4 右侧发束进入，交迭至中心发束。

5 左侧发束再进入，继续交迭。

6 右侧发束再进入，继续交迭。

7 取右侧基面约 1cm 发束。

8 将该发束由右侧交迭至中心发束，须与右侧发束结合。

9

左侧发束进入，交迭至中心。

10

取左侧基面约 1cm 发束。

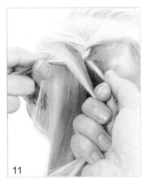

11

将该发束由左侧交迭至中心，
须与左侧发束结合。

12

右侧发束再进入，交迭至中心。

13

按步骤 7～步骤 10 依序编制，
直至没有基面的发束可以加
股，再改用三股编，编至结束
即可。

× 三股加编（45°）

取一束发片。

将该发束分成三束。

左侧发束进入，交迭至中心。

右侧发束进入，交迭至中心。

左侧发束再进入，继续交迭。

右侧发束再进入，继续交迭。

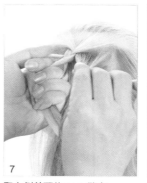

取右侧基面约1cm发束。

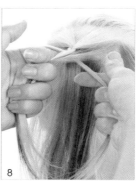

将该发束由右侧交迭至中心，
须与右侧发束结合。

9

左侧发束进入，交迭至中心。

10

取左侧基面约 1cm 发束。

11

将该发束由左侧交迭至中心，
须与左侧发束结合。

12

按步骤 7～步骤 11 依序编制，
直至没有基面的发束可以加
股，再改用三股编，编至结束
即可。

13

完成 45°的三股辫。

× 四股编（锁链编）

1 取一束发片。

2 将该发束分成 4 小束。

3 由左边最外侧发束进入。

4 绕进右侧并交迭于右边内侧发束下。

5 再由右边最外侧发束进入。

6 绕进左侧。

7

交迭于左边内侧发束下，完成一回合。

8

按步骤 3～步骤 7 依序编至发尾。

9

至此为基本四股锁链编技术。

10

如需丰富的造型纹理可以使用扩大技巧。一手抓住发尾，另一手进行扩大动作。

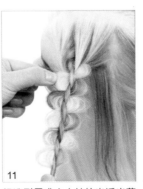

11

视造型需求大小抽拉出适当蓬松度。

12

检查不同角度的发丝蓬松度。

✕ 倒梳

取一发片，并平均分摊发丝。

以尖尾梳梳齿完全进入发片，由上往下将发丝向下压 2cm。

重复以尖尾梳梳齿由上往下将发丝向下压 2cm。

直到将全部发丝刮完。

完成后发片极有控制力并且能"站立"。

覆盖倒梳 ✕

1
取一束发片。

2
分出该发片表面约 1/3 的发束。

3
先将该发束上下分开。

4
以尖尾梳梳齿完全进入下层发片内，再由外往内将发丝向发根压约 2cm。

5
重复用尖尾梳由外往内将发丝压向发根。

6
按步骤 4～步骤 5，直到刮至发尾。

将尖尾梳持 45°，并将发束表面稍微梳平整。

将步骤 3 分出的上层发片向下覆盖。

将尖尾梳持 0～15°，再将表面稍微梳平整。

将发型喷上少许定型液。

最后视造型需求扭转或手卷即可。

第二章
基础技法延伸
——造型设计

2.1 单股技巧

造型设计

单股技巧 1

前方

右前

右侧

后方

★ 分区图

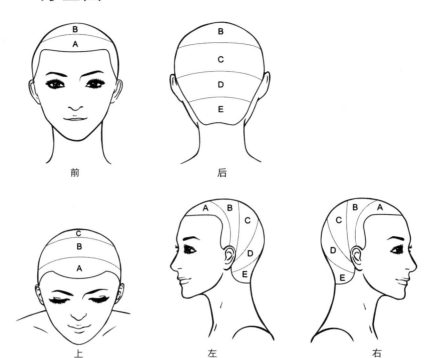

前　　　　　　　　后

上　　　　　　　左　　　　　　　右

左后　　　　　　左侧　　　　　　左前　　　　　　上方

单股技巧 1

以鸭嘴夹暂时固定 A～E 区发束。

在 E 区使用单股扭转技术。（注持发角度为 90°。）

取发簪，靠在扭转后的 E 区发束左侧。

将发簪向下旋转 45°，E 区发束顺势缠绕在发簪上。

将发簪向内旋转 180°，E 区发束顺势缠绕在发簪上。

再将发簪向外旋转 270°，E 区发束顺势缠绕在发簪上。

将发簪横摆。

将发簪向上旋转 100°，E 区发束顺势缠绕在发簪上。

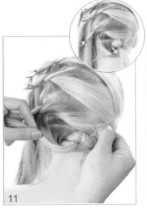

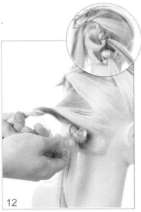

将发簪向右旋转 360°，E 区发束顺势缠绕在发簪上。

再将发簪向右旋转 360°，E 区发束顺势缠绕在发簪上，须预留后段发束。

将缠绕在发簪上的 E 区发束固定于 E 区发根上。

取发簪，靠在扭转后的 D 区发束左侧，并重复步骤 4～步骤 11。（注：发簪方向可与 E 区相反。）

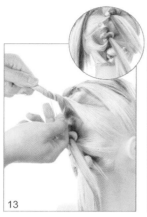

13 取发簪，靠在扭转后的 C 区发束左侧，并重复步骤 4～步骤 11。

14 取发簪，靠在扭转后的 B 区发束左侧，并重复步骤 4～步骤 11。

15 取发簪，靠在扭转后的 A 区发束左侧，并重复步骤 4～步骤 11。

16 以尖尾梳向下（内）刮蓬 A 区后段预留的发束发根。

17 以尖尾梳向下（内）刮蓬 B 区后段预留的发束发根。

18 以尖尾梳向下（内）刮蓬 C 区后段预留的发束发根。

19 以尖尾梳向下（内）刮蓬 D 区后段预留的发束发根。

20 以尖尾梳向内刮蓬 E 区后段预留的发束发根。

21 以 U 形夹固定 A 区后段发束发根，使 A 区后段发束呈放射状发型。

22 以 U 形夹固定 B 区后段发束发根，使 B 区后段发束呈放射状发型。

23 以 U 形夹固定 C 区后段发束发根。

24 C 区后段发束呈放射状发型。

以U形夹固定D区后段发束发根。

使D区后段发束呈放射状发型。

以U形夹固定E区后段发束发根。

使E区后段发束呈放射状发型。

用手调整发丝，并喷上定型液，固定发型。

最后用手拉蓬发丝，增加发型蓬度即可。

造型设计

单 股 技 巧 2

前方

右前

右侧

后方

★ 分区图

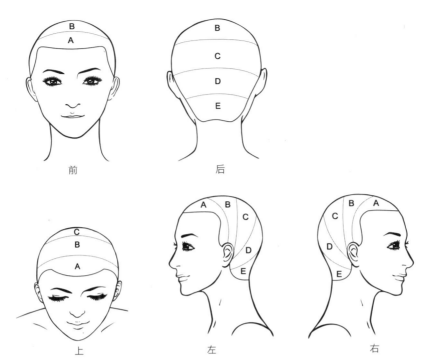

前　　　　　　　　后

上　　　　　　　　左　　　　　　　　右

左后　　　　　　左侧　　　　　　左前　　　　　　上方

单股技巧 2

以鸭嘴夹暂时固定 A～E 区发束。

在 E 区使用单股扭转技术。（注持发角度为 90°。）

取发簪，靠在扭转后的 E 区发束左侧。

将发簪向上旋转 45°，E 区发束顺势缠绕在发簪上。

将发簪向内旋转 180°，E 区发束顺势缠绕在发簪上。

再将发簪向外旋转 270°，E 区发束顺势缠绕在发簪上。

将发簪横摆。

将发簪向右旋转 100°，E 区发束顺势缠绕在发簪上。

将发簪向右旋转 360°，E 区发束顺势缠绕在发簪上。

再将发簪向右旋转 360°，E 区发束顺势缠绕在发簪上，须预留后段发束。

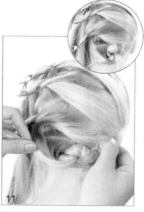

将缠绕在发簪上的 E 区发束固定在 E 区发根上。

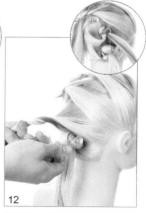

取发簪，靠在扭转后的 D 区发束左侧，并重复步骤 4～步骤 11。（注：发簪方向可与 E 区相反。）

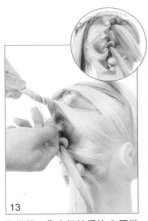

13 取发簪，靠在扭转后的 C 区发束左侧，并重复步骤 4～步骤 11。

14 取发簪，靠在扭转后的 B 区发束左侧，并重复步骤 4～步骤 11。

15 取发簪，靠在扭转后的 A 区发束左侧，并重复步骤 4～步骤 11。

16 取短发片。（注：发片长度须较 A～D 区预留的发束略长些。）

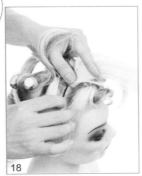

17 将发片分成 3 等份，先向内折进右边的 1/3 份，再向内折进。

18 以发夹将折好的发片固定于 A1 点上。

19 以发夹将折好的发片固定于 B1 点上。

20 以发夹将折好的发片固定于 C1 点上。

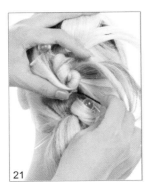

21 以发夹将折好的发片固定于 D1 点上。

22 在 D1 点上的发片使用单股扭转技术。

23 将扭转后的 D1 发片，向右环绕一圈成一小发髻，须预留中后段发束。

24 以 U 形夹固定 D1 点上环绕后的小发髻。

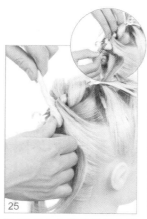

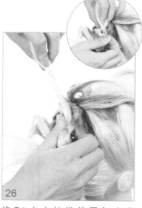

将 C1 点上的发片重复步骤 23～步骤 24，并以 U 形夹固定。

将 B1 点上的发片重复步骤 23～步骤 24，并以 U 形夹固定。

将 A1 点上的发片重复步骤 23～步骤 24，并以 U 形夹固定。

将各区预留的后段发束上电卷棒。

将各区的发片上电卷棒。

用手拉蓬及调整烫卷的发丝，增加发型甜美感。

以尖尾梳向下（内）刮蓬发丝，增加发型蓬度。

最后喷上定型液，加强固定全部发型即可。

★ 分区图

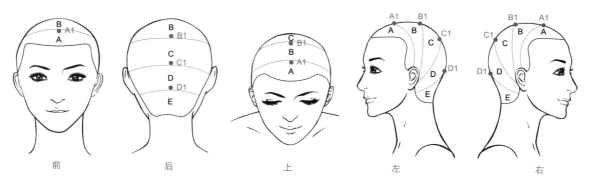

前　　　　　　　后　　　　　　　上　　　　　　　左　　　　　　　右

造型设计
单股技巧3

前方　　　　　　　右前　　　　　　　右侧　　　　　　　后方

★ 分区图

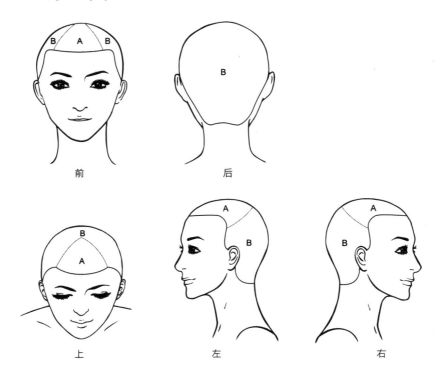

前　　　　　后

上　　　　　左　　　　　右

左后　　　　　左侧　　　　　左前　　　　　上方

单股技巧 3

1
将 B 区收握成马尾，先将发夹加橡皮筋套在食指上。

2
再将发夹加橡皮筋沿 B 区马尾顺时针环绕一圈。

3
将发夹加橡皮筋沿 B 区马尾顺时针再环绕一圈。

4
将橡皮筋穿进发夹内，并将发夹推进 B 区发束内即可完成固定。

5
取尖尾梳，将 A2 区发束向上提 90°，将尖尾梳尾端靠在发束右侧。

6
尖尾梳尾端以转圆圈方式辅助轴心，先将尖尾梳向左旋转90°，发束顺势缠绕在尖尾梳尾端上。

7
将尖尾梳向右旋转 180°，发束顺势缠绕在尖尾梳尾端上。

8
将尖尾梳向左旋转 180°，发束顺势缠绕在尖尾梳尾端上。

9
再将尖尾梳向右旋转 180°，发束顺势扭转在尖尾梳尾端上。

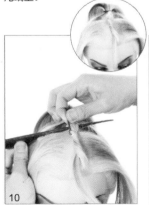
10
以发夹固定 A2 区扭转后的发束，并取出尖尾梳，小发夹与扭转后发束成平行角度的方式隐藏收好，A2 区发型完成。

11
将 A1 区发束重复步骤 5～步骤10，再以发夹固定，并取出尖尾梳。

12
取尖尾梳，将尖尾梳尾端靠在 A3 区发束左侧。

以尖尾梳尾端为辅助,将 A3 区发束向下折一半。

尖尾梳尾端以转圆圈方式辅助轴心,先将尖尾梳向右旋转 90°,A3 区发束顺势缠绕在尖尾梳尾端上。

将尖尾梳向左旋转 180°,发束顺势缠绕在尖尾梳尾端上。

将尖尾梳向右旋转 180°,发束顺势缠绕在尖尾梳尾端上。

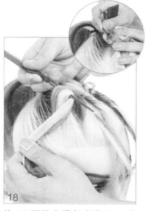
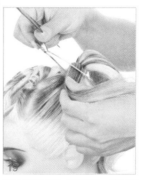

以发夹固定 A3 区发束扭转后的发束,并取出尖尾梳,发夹与扭转后发束以平行的方式隐藏收好。

将 A4 区发束重复步骤 12～步骤 17,再以发夹固定,并取出尖尾梳。

将 B 区发束分成两等份,并以鸭嘴夹暂时固定 B 区左侧发束。

以尖尾梳向内稍微刮蓬 B 区右侧发束,增加发束蓬度。

以尖尾梳表面顺过 B 区右侧发束发面,抚平发面毛躁。

喷上定型液,维持 B 区右侧发束蓬度。

将 B 区左右侧发束合为一束,再以尖尾梳表面顺过 B 区发面。

再次喷上定型液,固定 B 区发面发丝。

25
将 B 区发束拉至右侧。

26
将 B 区发尾顺势收至 A 区发型上方，覆盖 A 区发型。

27
以 U 形夹暂时固定 B 区发尾，避免发尾分散。

28
喷上定型液，加强固定 B 区发型。

29
确认发尾已经完全定型后，再将暂时固定于 B 区发尾的 U 形夹取下。

30
以尖尾梳向内稍微刮蓬 A1~A4 区发尾。

31
以尖尾梳向下梳顺 A1~A4 区发尾。

32
最后用手将 A1~A4 区发尾拉蓬，调整发丝线条，塑造发型凌乱感即可。

✹ 分区图

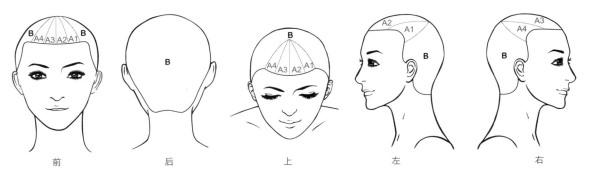

前　　　　　　后　　　　　　上　　　　　　左　　　　　　右

造型设计

单股技巧 4

前方

右前

右后

后方

★ 分区图

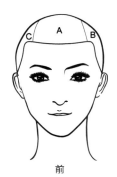

前

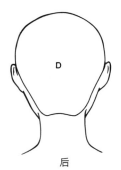

后

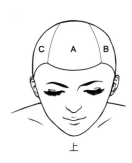

上

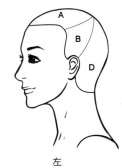

左

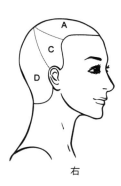

右

左后

左侧

左前

单股技巧 4

将 D 区分成若干等份，以尖尾梳向内刮蓬发根。（注：根据头发份量多寡，所分出的发束量也有所不同。）

重复步骤 1，将 D 区发根全部刮蓬。

将已刮蓬的 D 区发束，分为左右两束，将 D 区左边的发束全部收至右侧。

以尖尾梳梳顺 D 区左侧发束发面，抚平毛躁发丝。

将发夹纵向排列，来固定 D 区左侧发束。

D 区左侧发束固定完成。（注：发夹排列必须交错重叠。）

将右边的 D 区发束全部收至 D 区左侧。

以尖尾梳梳顺 D 区右侧发束发面，抚平毛躁发丝。

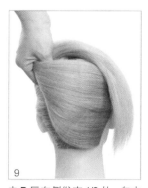

由 D 区右侧发束 1/2 处，向内并稍微向上提拉成螺状。

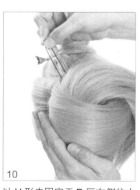

以 U 形夹固定于 D 区右侧往内微弯发束。

以 U 形夹加强固定 D 区右侧发型。

以尖尾梳尾端为辅助，顺出 D 区右侧后段发束。

将 D 区右侧后段发束摆放成一个圆形。

将 D 区发尾继续摆放成一个圆形，并重叠于发根处。

将 D 区发尾沿圆圈发型边缘收进、摆放。

以尖尾梳尾端整理 D 区发型。

以 U 形夹固定 D 区发尾。

取宽度 2cm 的三角形基面，为 A1 区发束。

在 A1 区使用单股扭转技术。

用扩大技术调整 A1 区扭转后的发面，使之产生粗糙的质感。（注：注意发丝比例。）

将 A1 区发束向右侧绕成一发髻。

制作发髻的过程中，须随时注意发丝蓬度。

将 A1 区发尾沿发型边缘收进发型内。

以 U 形夹固定 A1 区发型。

25 取 A2 区发束，重复步骤 19～步骤 23，并以发夹固定。

26 取 A3 区发束，重复步骤 19～步骤 23，并以发夹固定。

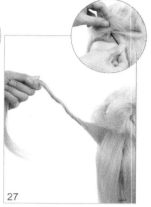

27 取 A4 区发束，重复步骤 19～步骤 23，并以发夹固定。

28 取 A5 区发束，重复步骤 19～步骤 23，并以发夹固定。

29 取 A6 区发束，重复步骤 19～步骤 23，并以发夹固定。

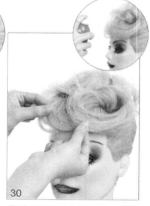

30 最后用手稍做外形修整，并喷上定型液即可。

★ 分区图

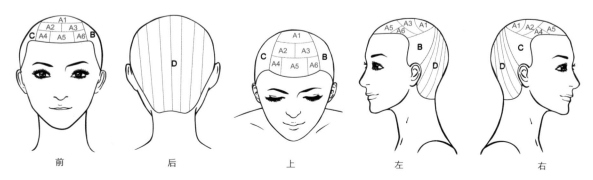

前　　　　　后　　　　　上　　　　　左　　　　　右

造型
单股技巧5
设计

右前

右侧

右后

后方

★ 分区图

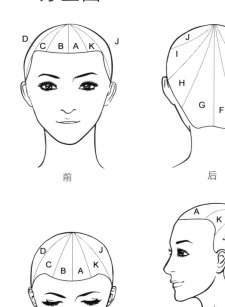

前

后

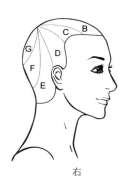

上

左

右

左后

左侧

左前

上方

单股技巧 5

1 以发流漩涡为中心，以尖尾梳梳顺全部发丝。

2 将全部发丝喷上定型液，以便塑型。

3 取出 A 区发束。

4 以橡皮筋固定 A 区发束。（注：绑发束时，角度须服帖发际线，切勿提高发束角度。）

5 重复步骤 3、步骤 4，固定 B～F 区发束。

6 重复步骤 3、步骤 4，固定 G～J 区发束。

7 重复步骤 3、步骤 4，固定 K 区发束。

8 将 A 区发束使用 32mm 电棒纹理化。（注：电棒直径的大小会影响发型的整体感，须依所需效果选择适当大小的电棒。）

9 用手将已上电卷棒的 A 区发束，卷成空心卷。

10 以鸭嘴夹暂时固定卷成空心卷的 A 区发型。

11 重复步骤8～步骤10，完成B～E 区发型。

12 重复步骤8～步骤10，完成F～K 发型。

将各区暂时固定发束的鸭嘴夹取下。

用按摩梳梳开各区上过卷的发束。

在 A 区使用单股扭转技术。

用扩大技术调整 A 区发束表面，使之产生粗糙的质感。

用扩大技术调整 A 区发束表面。（注：须注意调整后的发丝比例。）

将调整后的 A 区发束向右环绕成圆形。

用发夹固定 A 区环绕后的发型。

用手调整 A 区发丝位置，使 A 区发型略呈圆形。

A 区发型完成图。

取 B 区发束，重复步骤 16～步骤 19。

用手调整 B 区发丝位置。

取 C 区发束，重复步骤 16～步骤 19。

用手调整 C 区发丝位置。

取 D 区发束，重复步骤 16～步骤 19。

用手调整 D 区发丝位置。

取 E 区发束，重复步骤 16～步骤 19。

用手调整 E 区发丝位置。

取 F 区发束，重复步骤 16～步骤 19。

用手调整 F 区发丝位置。

取 G 区发束，重复步骤 16～步骤 19。

用手调整 G 区发丝位置。

取 H 区发束，重复步骤 16～步骤 19。

用手调整 H 区发丝位置。

取 I 区发束，重复步骤 16～步骤 19。

37

38

用手调整 I 区发丝位置。

取 J 区发束，重复步骤 16～步骤 19。

39

40

用手调整 J 区发丝位置。

取 K 区发束，重复步骤 16～步骤 19。

41

42

用手调整 K 区发丝位置。

最后喷上定型液，做外形修整即可。

造型 | 设计
单 股 技 巧 6

前方

右前

右侧

右后

★ 分区图

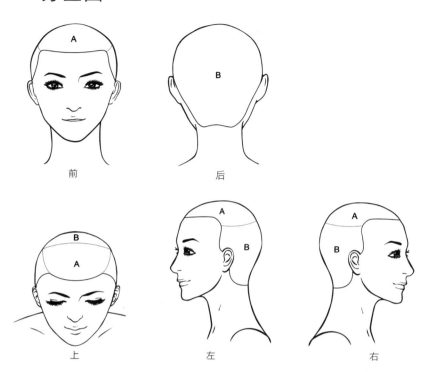

前　　　　　　后

上　　　　　　左　　　　　　右

左后

左侧

左前

单股技巧6

将全部头发梳顺，并将B区头发分为左右两区。

取B区任一发束。

将该发束上电卷棒。

按步骤2～步骤3，将A、B区头发上电卷棒。

再用按摩梳梳开全头发丝。

用鸭嘴夹将A区分成左右两区。

取B区三角基面发束。

将B区三角基面发束分成三股。

在B区三角基面使用三股编技术，由左侧一束开始编制，交选至中心。

再由右侧一束发束进入，交选至中心。

左侧发束再进入，交选至中心。

右侧发束再进入，交选至中心。

按步骤 10～步骤 12 依序编至结束，并以橡皮筋固定发尾。

取 B 区发辫左侧任一发束。

将该发束逆时针环绕在 B 区发辫上。

该发束环绕完成图。

以发夹固定步骤 16 的发型。

取 B 区发辫右侧任一发束。

将该发束交迭至 B 区发辫上。

将该发束顺时针环绕在发辫上。

以发夹固定步骤 20 的发型。

重复步骤 14～步骤 21，直至 B 区发辫左右两侧头发全部环绕结束。

取 A 区右侧发束。

将该发束约 1/2 处略为扭转，并收至 B 区发辫顶端上方，覆盖发辫。

以发夹固定该发型。

取 A 区左侧发束。

将该发束约 1/2 处略为扭转，并收至 B 区发辫顶端上方，覆盖发辫。

以发夹固定该发型。

将 A 区发尾上电卷棒，加强发尾卷度。

以 U 形夹固定部分上卷后的发丝，增加发型蓬松度与造型感，并用手调整发丝卷度及线条，塑造发型立体感。

最后喷上定型液，固定全部发型即可。

★分区图

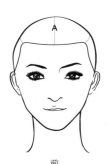

前

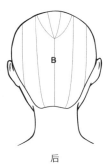

后

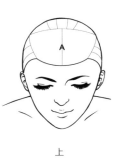

上

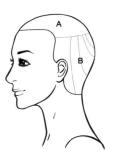

左

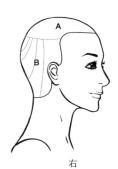

右

造型设计

单股技巧 7

前方

右前

右侧

右后

★ 分区图

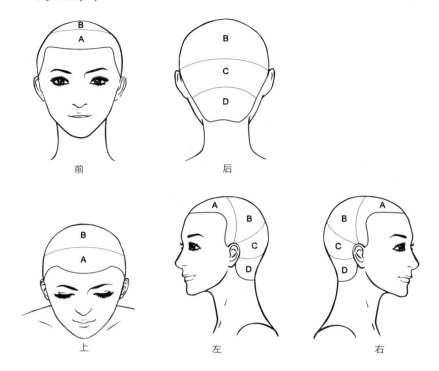

前　　　　　　　后

上　　　　　　　左　　　　　　　右

左后　　　　　　　左侧　　　　　　　左前

单股技巧 7

1
取 A 区发束。

2
将 A 区发束收握成马尾，先将发夹加橡皮筋套于食指上。

3
再将发夹加橡皮筋向上沿大拇指环绕 1/2 圈。

4
将发夹加橡皮筋由 A 区发束下方向左绕至发束左侧。

5
重复步骤 4，将发夹加橡皮筋沿 A 区环绕一圈。

6
将橡皮筋穿进发夹内，准备做收尾动作。

7
将发夹推进 A 区发束内即可完成固定。

8
取 B 区发束。

9
在 B 区使用单股扭转技术。

10
将右手手掌朝上，食指与中指靠在 B 区扭转后的发束下方。

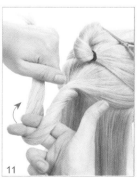
11
以右手手指为辅助，左手将 B 区后段发束向上拉提。

12
左手不动，右手将 B 区发束向内扭转 90°。

13

左手不动，右手将 B 区发束向
上扭转 90°。

14

用右手的食指与中指，将左手
的后段发束抽至扭转后的发结
中央。

15

B 区发型成一发髻。

16

以 U 形夹固定 B 区发髻。

17

以 U 形夹加强固定 B 区发髻。

18

取 C 区发束，并使用单股扭转
技术。

19

将右手手掌朝上，食指与中指
靠在 C 区扭转后的发束下方。

20

以右手手指为辅助，手指略为
弯曲后，左手将 C 区发束向上
拉提。

21

左手再将 C 发束向上拉提，右
手将 C 区发束向内扭转 90°。

22

左手不动，右手将 C 区发束向
上扭转 90°。

23

左手不动，右手将 C 区发束向
外扭转 90°。

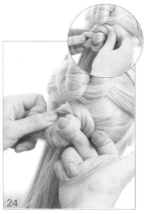

24

用右手的食指与中指，将左手
的后段发束抽至扭转后的发结
中央。

 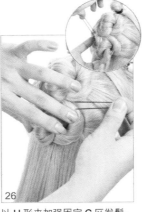 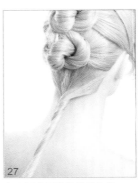 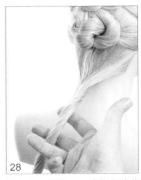

调整 C 区发尾的位置，再收进发髻内。	以 U 形夹加强固定 C 区发髻。	在 D 区使用单股扭转技术。	将右手手掌朝上，食指与中指靠在 D 区扭转后的发束下方。

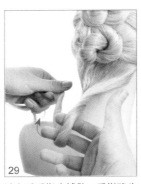  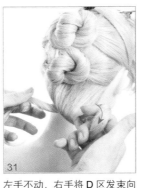 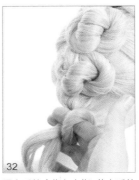

以右手手指为辅助，手指略为弯曲后，左手将 D 区发束向上拉提。	左手不动，右手将 D 区发束向右扭转 90°。	左手不动，右手将 D 区发束向外扭转 90°。	用右手的食指与中指，将左手的后段发束抽至扭转后的发结中央。

 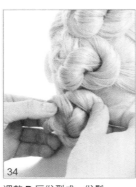 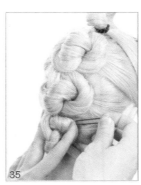 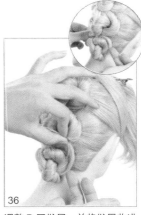

将 D 区后段发束抽出。	调整 D 区发型成一发髻。	以 U 形夹固定 D 区发髻。	调整 D 区发尾，并将发尾收进发髻内。

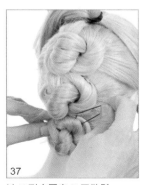

37

以 U 形夹固定 D 区发髻。

38

将 A 区马尾等分成两小束，并使用单股扭转技术。

39

将右手手掌朝上，食指与中指靠在 A 区左侧发束下方，手指略为弯曲，左手将 A 区左侧发束向上拉提。

40

左手不动，右手将 A 区左侧发束向下扭转 90°。

41

左手不动，右手将 A 区左侧发束向右扭转 90°。

42

用右手的食指与中指，将左手的后段发束抽至扭转后的发结中央。

43

将 A 区左侧发束后段抽出。

44

收进 A 区左侧发束发尾并隐藏橡皮筋后，再以 U 形夹固定。

45

将 A 区右侧发束重复步骤 39～步骤 44。

46

最后以 U 形夹固定 A 区右侧发髻即可。

2.2 两股技巧

造型设计 两股技巧 ❶

★ 分区图

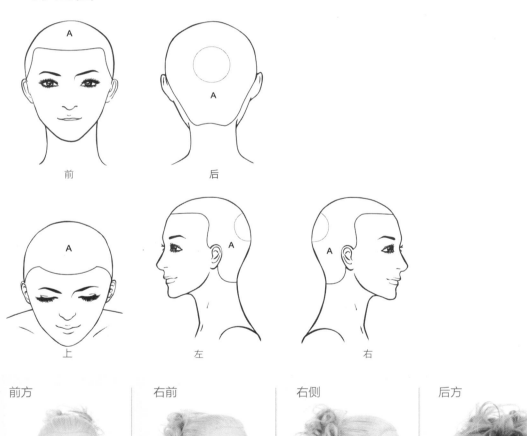

前　　　　　后

上　　　　　左　　　　　右

前方　　　　右前　　　　右侧　　　　后方

左后

左侧

左前

上方

两股技巧 1

1 用按摩梳梳顺全部头发，并收握成马尾，为 A 区。

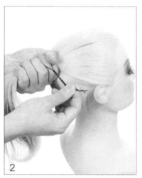
2 将发夹加橡皮筋套于食指上。

3 将发夹加橡皮筋由下环绕马尾 1/2 圈。

4 再将发夹加橡皮筋由上环绕马尾 1/2 圈。

5 将橡皮筋穿进发夹内，准备做收尾动作。

6 将发夹推进 A 区马尾内即可完成固定。

7 将 A 区马尾略分成 5 个束，每个区发束再等分成两小束。

8 取步骤 7 的两束发束，使用单股扭转技术。

9 将扭转后的发束左右交迭成双股扭转，编至马尾。

10 用扩大技术调整发辫表面，使之产生粗糙的质感。（注：注意发丝比例。）

11 同步骤 10。（注：注意发丝比例。）

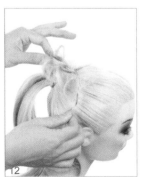
12 将调整后的发束向右环绕成圆形发髻。

13	14	15	16
将发尾沿发型边缘收进。	以发夹固定发尾,并调整发型蓬松度及隐藏橡皮筋。	取两束发束,重复步骤8~步骤14,须维持发型蓬松度并注意发丝线条。	取两束发束,重复步骤8~步骤14,须维持发型蓬松度并注意发丝线条。

17	18	19	20
取两束发束,重复步骤8~步骤14,须维持发型蓬松度并注意发丝线条。	取两束发束,重复步骤8~步骤14,须维持发型蓬松度并注意发丝线条。	该区发型完成,须维持发型蓬松度并注意发丝线条。	最后喷上定型液,做外形修整即可。

★ 分区图

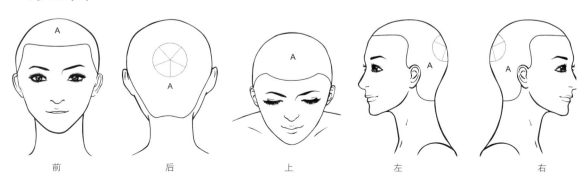

前　　　　　后　　　　　上　　　　　左　　　　　右

造型设计 两股技巧②

★ 分区图

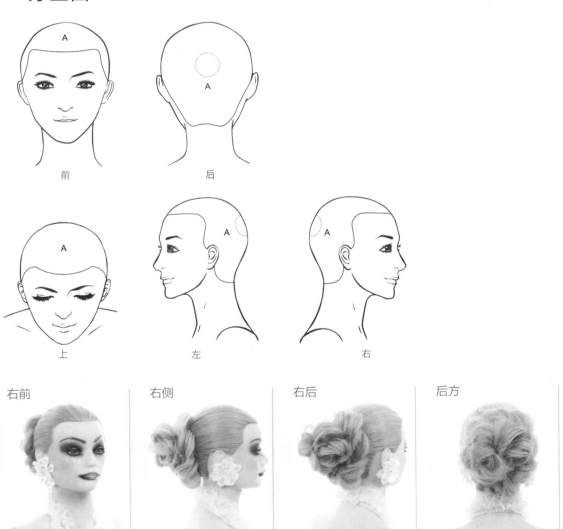

前　　　　后

上　　　　左　　　　右

右前　　　右侧　　　右后　　　后方

左后

左前

前方

两股技巧 2

将 A 区发束收握成马尾，先将发夹加橡皮筋套于食指上。

将发夹加橡皮筋沿 A 区马尾环绕 2 圈后，再将橡皮筋穿进发夹内，固定 A 区马尾。

用手抚平 A 区发面，并喷上定型液。

取 A 区马尾右侧任意两束发束。

接步骤 4，将左侧发束交迭在右侧发束上。

将两发束打一平结。

将该平结拉紧，固定于马尾顶端。

将打完平结后的两条发束汇集成一束，以此类推，继续加入新的平结发束，再重新汇合。

将步骤 8 的发束交迭至步骤 7 的发型上。

再将该发束与步骤 7 的发型打一平结。

按步骤 8～步骤 10 依序编至结束，完成 A 区马尾。

将剩余的两束发束，分成三股，使用三股编技术。

13
以橡皮筋固定 A 区发尾。

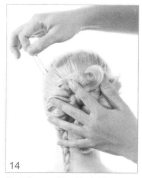

14
用手将 A 区发型向内推，使其靠近发根，再以 U 形夹固定发型周围。

15
以 U 形夹加强固定发型周围。

16
将 A 区发辫尾端沿发型周围收进。

17
以发夹收进发型周围散落发丝。

18
最后喷上定型液，做外形修整即可。

★分区图

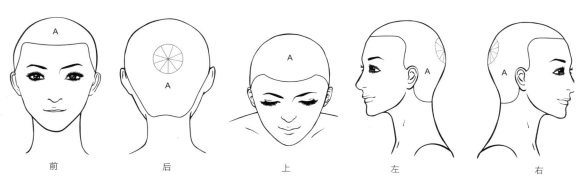

前　　　　　　后　　　　　　上　　　　　　左　　　　　　右

造型设计 两股技巧 ③

★ 分区图

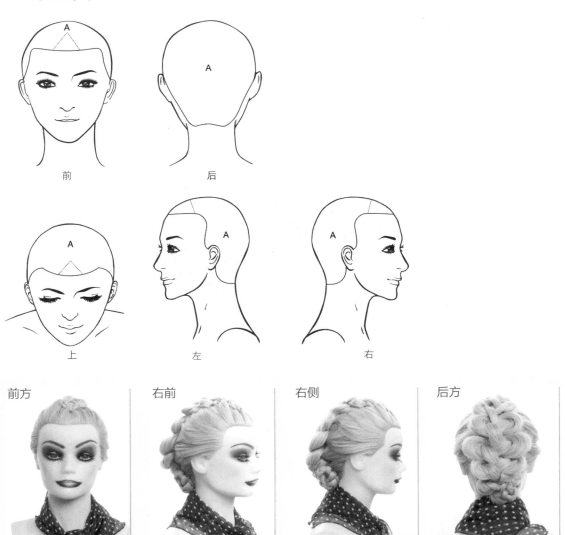

前　　　　　　　　后

上　　　　　　左　　　　　　右

前方　　　　右前　　　　右侧　　　　后方

左后

左侧

左前

两股技巧 3

取 A 区顶端三角基面发束。

将 A 区三角基面发束向后分成两股。

在 A 区使用两股打结技术，将左侧一束交迭至右侧一束上，中央形成一圆圈形状。（注：持发角度应服贴于头皮。）

将左侧一束穿过中央圆圈，打一平结。

完成一平结。

将打完平结的两束发束汇集成一束，再取左侧基面约 2cm 发束。

将该发束交迭至步骤 5 完成的平结发束上。（注：哪一条发束交迭在上面都可。）

再打一平结。

取右侧基面约 2cm 发束。

将步骤 8 打完平结的发束交迭至步骤 9 的发束上。（注：哪一条发束交迭在上都可。）

再打一平结。

取左侧基面约 2cm 发束。

将步骤 11 打完平结的发束交叉至步骤 12 的发束上。（注：哪一条发束交迭在上面都可。）

再打一平结。

取右侧基面约 2cm 发束。

将步骤 14 打完平结的发束交迭至步骤 15 的发束上。（注：哪一条发束交迭在上都可。）

再打一平结。

重复步骤 12～步骤 17，直至 A 区两侧发束编制结束。

将 A 区剩下的发束分成三股。

在 A 区后段发束使用三股编技术，由左侧一束开始编制，交迭至中心。

再由右侧一束发束进入，交迭至中心。

重复步骤 20～步骤 21，编至 A 区发尾。

以橡皮筋固定 A 区发辫尾端。

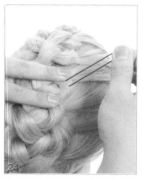
以 U 形夹固定 A 区各发结，使发结与发根贴合。

25 以手指为辅助，将 A 区后段发辫环绕在手指上。

26 将 A 区后段发辫全部环绕在手指上。

27 将 A 区后段发辫收成一圆圈状发型。

28 以发夹固定 A 区后段发型。

29 喷上定型液，固定表面发丝与发型。

30 最后再做外形调整即可。

★ 分区图

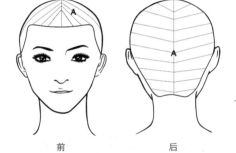

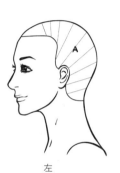

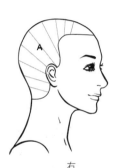

前　　　　　　　后　　　　　　　上　　　　　　　左　　　　　　　右

造型设计 两股技巧④

★ 分区图

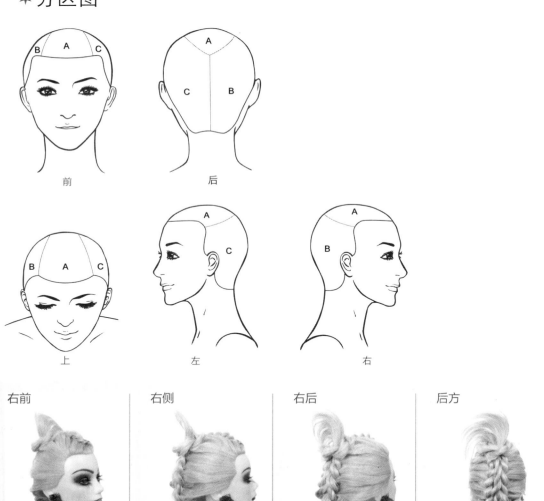

前

后

上

左

右

右前

右侧

右后

后方

左侧

左前

前方

两股技巧 4

将全部头发分成 A、B、C 三区，并以鸭嘴夹固定。

取 B 区顶端三角基面的两束发束。

在 B 区使用双股扭转单加编技术。先将两发束做单股扭转，然后交迭在一起。（注：持发角度应服贴于头皮。）

取右侧基面约 1cm 发束，加进步骤 3 完成交迭后的右侧发束。

将加进的发束与右侧发束合并做单股扭转。

再一次交迭。

取右侧基面约 1cm 发束，加进步骤 6 完成交迭后的右侧发束，两发束合并做单股扭转。

再一次交迭。

重复步骤 4～步骤 8，直至 B 区右侧发束编制结束。

B 区后段发束改用双股扭转技术编至发尾，须预留发尾，以鸭嘴夹暂时固定。

取 C 区顶端三角基面的两束发束。

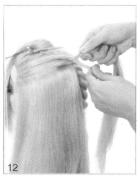

在 C 区使用双股扭转单加编技术。先将两发束做单股扭转，然后交迭在一起。（注：持发角度应服贴于头皮。）

13

取左侧基面约 1cm 发束。

14

将步骤 13 的发束，加进步骤 12 完成交迭后的左侧发束。

15

将加进的发束与左侧发束合并后做单股扭转，再一次进行交迭动作。如此重复步骤 13～步骤 15，编至 C 区结束，后段发束则改用双股扭转技术编至发尾，须预留发尾，并以鸭嘴夹暂时固定。

16

先将 A 区发束放下，然后取 A 区前段三角基面发束。

17

将 A 区前段三角基面发束分成两股。

18

在 A 区使用双股扭转加编技术。先将两发束做单股扭转，然后交迭在一起。

19

再进行一次交迭动作。（注：持发角度应服贴于头皮。）

20

取右侧基面约 1cm 发束，加进步骤 19 完成交迭后的右侧发束，并再交迭一次。

21

取左侧基面约 1cm 发束，加进步骤 20 完成交迭后的左侧发束，并再交迭一次。

22

重复步骤 20～步骤 21，至 A 区两侧发束编制结束，后段发束则改用双股扭转编至发尾，并以鸭嘴夹固定。

23

用扩大技术略微调整 A 区发辫表面，使之产生粗糙的质感。

24

用扩大技术略微调整 B、C 区发辫表面，再以橡皮筋固定发辫。

将 B 区后段发辫向上收至 B、C 区发型交界处，再以 U 形夹固定。

将 C 区后段发辫向上收至 B、C 区发型交界处。

以 U 形夹固定 C 区后段发辫。

用扩大技术调整 A 区发辫表面，使之产生粗糙的质感。

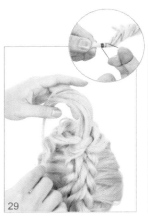
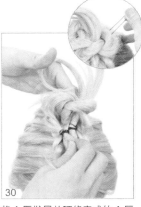

将调整后的 A 区发辫，向右沿 B、C 区发尾环绕一圈，再以橡皮筋固定发辫。

将 A 区发尾从环绕完成的 A 区发辫中央往下抽出，再以 U 形夹固定。

将 A~C 区发尾调整为扇形，再以尖尾梳加强刮蓬发根，使发丝能"站立"。

最后喷上定型液，并加强调整发丝即可。

★ 分区图

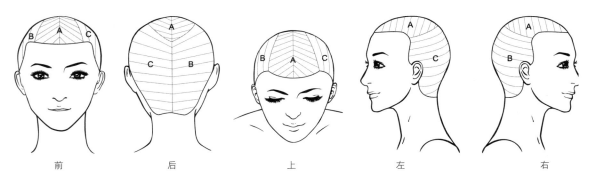

前　　　　　后　　　　　上　　　　　左　　　　　右

造型设计 两股技巧 ⑤

★ 分区图

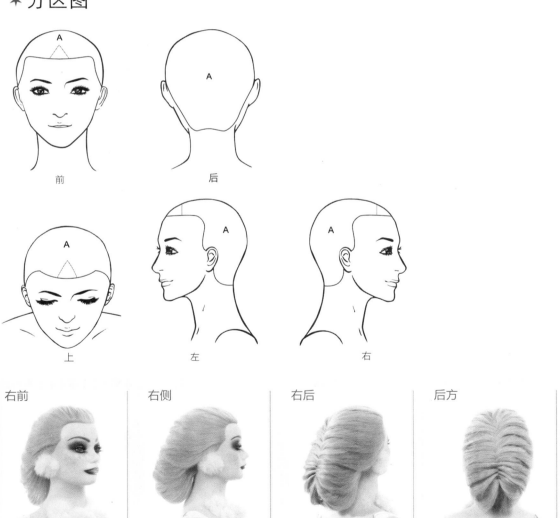

前　　　　　后

上　　　　　左　　　　　右

右前　　　　右侧　　　　右后　　　　后方

左侧

左前

前方

两股技巧 5

取 A 区三角基面发束。

将 A 区三角基面发束分成两股。

在 A 区使用两股加编技术，由左侧一束开始编制，交迭至中心。

取 A 区右侧基面约 1cm 发束，交迭至中心，持发角度服贴头皮而不提升。

取 A 区左侧基面约 1cm 发束，交迭至中心后，再取 A 区右侧基面约 1cm 发束，交迭至中心，过头顶之后，维持 45° 持发，依序加入发片。

重复步骤 3～步骤 5，直至将 A 区发束编完为止。（注：切勿提高或降低持发角度，角度须维持在 45°，再依序加入发束。）

在剩下的发束上使用鱼骨编技术，取右侧一束开始编制。（注：维持 45° 持发角度，再依序加入发束。）

再取左侧一发束进入，交迭至中心。

重复步骤 7～步骤 8，编至发尾。

以橡皮筋固定鱼骨编发尾。

将 A 区后段发辫向内卷曲。

将 A 区发尾收进前段两股加编发辫内部，再以发夹固定。

13

用手调整并拉蓬发型线条。

14

最后喷上亮油，增加发面光泽感即可。

★ 分区图

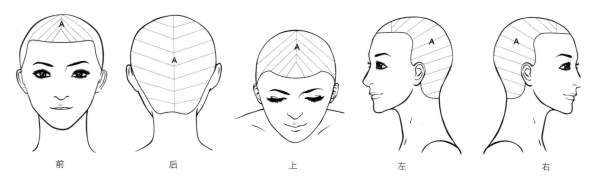

前　　　　　后　　　　　上　　　　　左　　　　　右

造型设计 两股技巧 ❻

★ 分区图

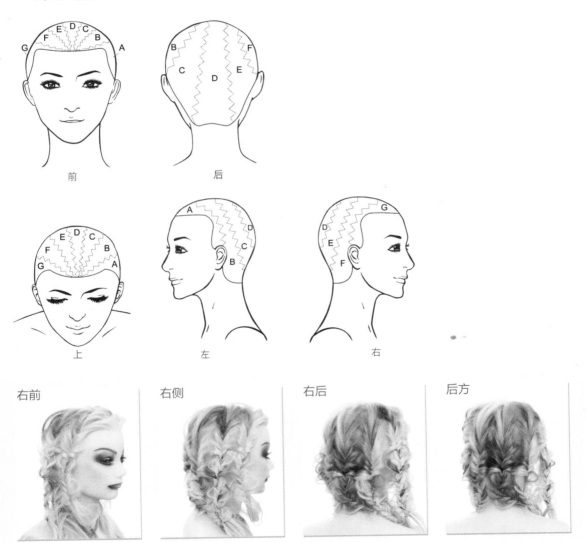

前　　　　　　后

上　　　　　　左　　　　　　右

右前　　　右侧　　　右后　　　后方

左后

左侧

左前

两股技巧 6

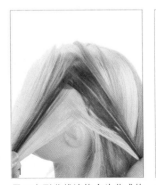

用 Z 字形分线法将全头分成约 7 个分区，为 A～G 区。

在 A 区取约 1cm 不规则发束，并使用交迭加编技术。

将此发束分成两股，由左侧一束开始编制，交迭至中心。（注：持发角度应服贴于头皮。）

取右侧基面约 1cm 发束，将此发束由右侧交迭至中心后，须与右侧发束结合。

取左侧基面约 1cm 发束，将此发束由左侧交迭至中心后，须与左侧发束结合。

按步骤 3～步骤 6 依序编制，直至 A 区两侧发束编制完成。

再改用鱼骨编将该发辫编至发尾，并以倒梳固定发尾。

用 Z 字形分线法，分离出 B 区发束。

取 B 区约 1cm 不规则发束，并使用交迭加编技术。先将此发束分成两股，由左侧一束开始编制，交迭至中心。（注：持发角度应服贴于头皮。）

按步骤 3～步骤 6 依序编制，直至 B 区两侧发束编制完成。

再改用鱼骨编将该发辫编至发尾，并以倒梳固定发尾。

用 Z 字形分线法，分离出 C 区发束。

取 C 区约 1cm 不规则发束，先将此发束分成两束，再使用交迭加编技术。（注：持发角度应服贴于头皮。）

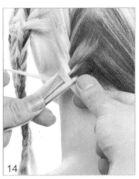

按步骤 3～步骤 6 依序编制，直至 C 区两侧发束编制完成。

再改用鱼骨编将该发辫编至发尾，并以倒梳固定。

用 Z 字形分线法，分离出 D 区发束。

按步骤 3～步骤 6 依序编制，直至 D 区两侧发束编制完成。

再改用鱼骨编编至发尾，并以倒梳固定。

用 Z 字形分线法，分离出 E 区发束。

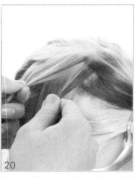

取 E 区约 1cm 不规则发束，将此发束分成两股，并使用交迭加编技术。

按步骤 3～步骤 6 依序编制，直至 E 区两侧发束编制完成，再改用鱼骨编编至发尾，并以倒梳固定。

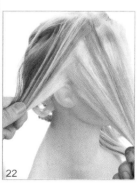

用 Z 字形分线法，分离出 F 区发束。

取 F 区约 1cm 不规则发束，将此发束分成两股，并使用交迭加编技术。（注：持发角度应服贴于头皮。）

按步骤 3～步骤 6 依序编制，直至 F 区两侧发束编制完成，再改用鱼骨编编至发尾，并以倒梳固定。

取 G 区约 1cm 不规则发束，将此发束分成两股，并使用交迭加编技术。

按步骤 3～步骤 6 依序编制，直至 G 区两侧发束编制完成。

再改用鱼骨编将该发束编至发尾，并以倒梳固定。

用扩大技术调整各区发辫表面，使之产生粗糙的质感。

调整各区发辫发丝比例。

制造各区发辫不规则的大小。

使用 32mm 电卷棒，将所有的发尾进行纹理化。

最后细微调整各区发尾细节及发丝，并喷上定型液即可。

★分区图

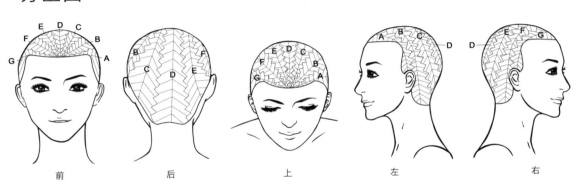

前　　　　　后　　　　　上　　　　　左　　　　　右

2.3 三股技巧

造型设计

三股技巧1

右前

右侧

右后

后方

★分区图

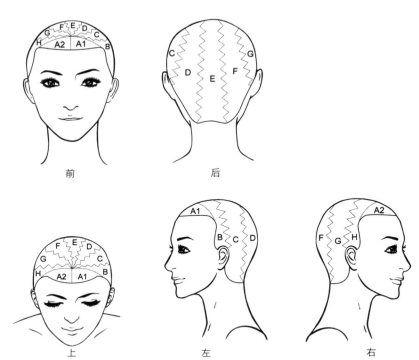

前　　　　　　　　后

上　　　　　　　左　　　　　　　右

左后　　　　　　　左前　　　　　　　前方

三股技巧 1

1 用 Z 字形分线法将全头分成约 7 个分区，为 B～H 区，每区靠近发际线部分，预留不规则的发量，为 B1～H1 区。

2 在 B 区随意取约 1cm 发束，使用三股加编技术。（注：持发角度为 15°，再依序加入发束。）

3 将该发束分成三股，由左侧一束开始编制，交迭至中心。

4 再由右侧一束发束进入，交迭至中心。

5 再由左侧一发束进入，交迭至中心。

6 再由右侧一发束进入，交迭至中心。

7 取右侧基面约 1cm 发束，将此发束由右侧交迭至中心，须与右侧发束结合，左侧发束也重复此动作。

8 按步骤 7 依序编制，直至 B 区左右两侧发束编制完成。

9 再改用三股编技术将该发辫编至发尾，并以倒梳固定。

10 用 Z 字形分线法，分离出 C 区发束。

11 取 C 区约 1cm 不规则发束，并使用三股加编技术。

12 将此发束分为三股，由左侧一束开始编制，交迭至中心。

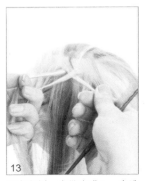

13

再由右侧一束发束进入，交迭
至中心。

14

再由左侧一束发束进入，交迭
至中心。

15

再由右侧一束发束进入，交迭
至中心。

16

取右侧基面约 1cm 发束。

17

取右侧基面约 1cm 发束，将此
发束由右侧交迭至中心，须与
右侧发束结合。

18

取左侧基面约 1cm 发束，将此
发束由左侧交迭至中心，须与
左侧发束结合，重复步骤 17～
步骤 18，直至 C 区左右两侧发
束编制完成。

19

再改用三股编技术将 C 区发辫
编至发尾，并以倒梳固定。

20

用 Z 字形分线，分离出 D 区发
束。

21

按 B、C 区发型编制方法，依
序编制。

22

以倒梳固定 D 区发尾。

23

用 Z 字形分线，分离出 E 区发
束。

24

按 B、C 区发型编制方法，依
序编制。

以倒梳固定 E 区发尾。

用 Z 字形分线，分离出 F 区发束。

按 B、C 区发型编制方法，依序编制。

以倒梳固定固定 F 区发尾。

用 Z 字形分线，分离出 G 区发束。

按 B、C 区发型编制方法，依序编制。

以倒梳固定 G 区发尾。

在 H 区取 1cm 不规则发束，使用三股加编技术。

将此发束分为三股，由左侧一束开始编制，交选至中心。（注：持发角度为 15°，再依序加入发束。）

由右侧一束发束进入，交选至中心。

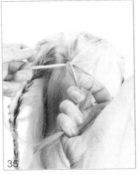

再由左侧一束发束进入，交选至中心。

再由右侧一束发束进入，交选至中心。

取右侧基面约 1cm 发束。

将此发束由右侧交迭至中心，须与右侧发束结合。

取左侧基面约 1cm 发束。

将此发束由左侧交迭至中心，须与左侧发束结合。

按步骤 37～步骤 40 依序编制，直至 H 区左右两侧发束编制完成。

再改为三股编技术将该发辫编至发尾，并以倒梳固定。

用扩大技术调整发辫表面，使之产生粗糙的质感。（注：须注意发丝比例。）

使用 32mm 电卷棒将之前所预留的不规则发量纹理化。

由发根、发中、发尾依序上卷。

使用 32mm 电卷棒，将所有的发辫尾端进行纹理化。

以圆梳和吹风机为辅助，吹整刘海。

将发辫稍作扭转，并抓取些许预留的发丝。

将发辫和抓取的预留发丝一并向内卷入。

以发夹固定该发型，须将发尾藏进发型里。

重复步骤 49～步骤 50，将各区发辫依序向内卷。

视觉化整理剩余的预留发丝比例。

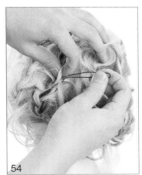

稍加扭转剩余的预留发丝，以造出更多纹理。

以 U 形夹把预留发丝固定在发型内侧。

最后重复步骤 52～步骤 54，直至达到理想的整体感。

★ 分区图

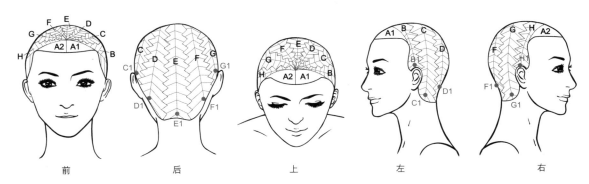

前　　　　　　　后　　　　　　　上　　　　　　　左　　　　　　　右

造型设计

三股技巧2

前方

右前

右侧

右后

★ 分区图

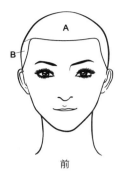

前

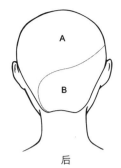

后

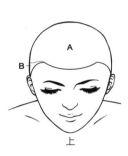

上

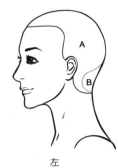

左

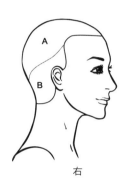

右

左后

左侧

左前

三股技巧 2

由右前侧点向左颈侧点分出一条 S 线，分别为 A、B 区。

取 B 区顶端三角基面发束，并分成三股。

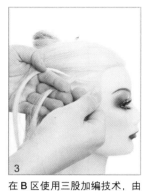

在 B 区使用三股加编技术，由右侧一束开始编制，交迭至中心（注：角度应服贴于头皮）。

再由左侧一束发束进入，交迭至中心。

再由右侧一发束进入，交迭至中心。

再由左侧一发束进入，交迭至中心。

取右侧基面约 1cm 发束，将此发束与右侧发束结合，再由右侧交迭至中心。

再由左侧一发束进入，交迭至中心。

再取右侧基面约 1cm 发束。

按步骤 7～步骤 8 依序编制，直至将 B 区左右两侧发束全部编完。

再改用三股编技术完成 B 区发尾。

以倒梳固定发尾。

13 放下 A 区发束，并以按摩梳梳整齐。

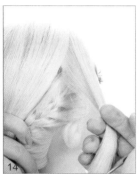

14 取 A 区顶端三角基面发束。

15 将该发束分成两股，再取右侧基面约 1cm 发束。

16 由右侧一发束进入，交送至中心。

17 由左侧一发束进入，交送至中心。

18 取左侧基面约 1cm 发束。

19 再由右侧一发束进入，交送至中心，并取右侧基面约 1cm 发束，将此发束再由右侧交送至中心，须与右侧发束结合。

20 按步骤 18～步骤 20 依序编制，直至将 A 区左右两侧发束编完。

21 再改用三股编技术完成 A 区发尾，再以倒梳固定。

22 用扩大技术调整 B 区发辫表面，使之产生粗糙的质感，及加强调整整体感。

23 用扩大技术调整 A 区发辫表面，并以 U 形夹稍加合拢 A、B 区两条发辫（注：注意发丝比例）。

24 向右抓起 B 区发辫，再将 B 区发辫向左扭转成花瓣状。

25
以发夹固定 B 区发型。

26
向右抓起 A 区发辫。

27
将 A 区发辫向左扭转成花瓣状，并围绕在 B 区发型外围。

28
以发夹固定 A 区发型。

29
稍加整理两侧发丝。

30
调整表面发丝，使发型呈现浮动感。

31
将发辫发尾向内做推蓬处理。

32
最后在花瓣上喷上定型液即可。

★ 分区图

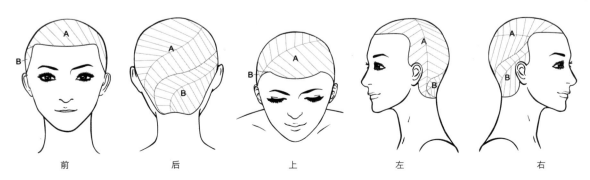

前　　　　　　后　　　　　　上　　　　　　左　　　　　　右

造型
三 股 技 巧 3
设计

前方

右前

右侧

后方

★ 分区图

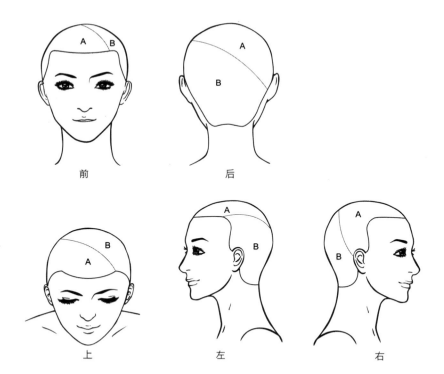

前　　　　后

上　　　　左　　　　右

左后　　　　左侧　　　　左前

三股技巧 3

取 A 区顶端三角基面发束。

在 A 区使用三股加编技术，由左侧一束开始编制，交迭至中心后，再由右侧一束发束进入，交迭至中心。

左侧发束再进入，交迭至中心（注：持发角度应服贴于头皮）。

右侧发束再进入，交迭至中心。

取右侧基面约 1cm 发束。

将此发束由右侧交迭至中心，并与右侧发束结合。

取左侧基面约 1cm 发束。

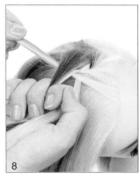

将此发束由左侧交迭至中心，并与左侧发束结合。

按步骤 5～步骤 8 编制，直至 A 区左右两侧发束用尽，再改用三股编技术将该发辫编至发尾。

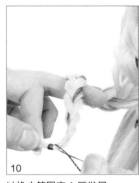

以橡皮筋固定 A 区发尾。

取 B 区顶端长方形基面发束。

将 B 区顶端长方形基面发束分成三股。

111

13 在 B 区使用三股加编技术，由左侧一束开始编制，交迭至中心。

14 再由右侧一发束进入，交迭至中心。

15 左侧发束再进入，交迭至中心。

16 右侧发束再进入，交迭至中心。

17 取右侧基面约 1cm 发束。

18 将此发束由右侧交迭至中心，并与右侧发束结合。

19 取左侧基面约 1cm 发束。

20 将此发束由左侧交迭至中心，并与左侧发束结合。

21 按步骤 17～步骤 20 依序编制，直至 B 区左右两侧发束用尽。

22 改用三股编技术将该发辫编至发尾，再以橡皮筋固定。

23 用扩大技术调整发辫表面，使之产生粗糙的质感（注：注意发辫比例）。

24 用扩大技术调整发辫表面。

将 B 区发辫向右反折。

由左侧折至 A 区右侧，再以 U 形夹固定。

将 A 区发辫向左反折。

由右侧折至 B 区左侧。

以发夹固定反折后的 A 区发辫。

以 U 形夹调整并固定发辫间距。

最后喷上定型液，做外形修整即可。

★ 分区图

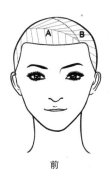

前

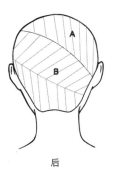

后

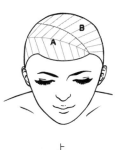

上

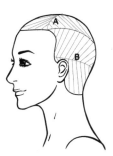

左

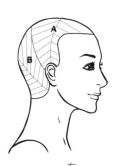

右

造型
三 股 技 巧 4
设计

前方

右前

右侧

后方

★ 分区图

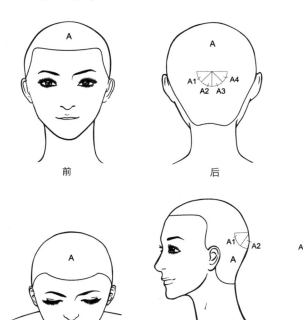

前　　　　后

上　　　　左　　　　右

左后

左侧

左前

三股技巧 4

全头绑一个马尾于后部点。

以定型液稍微整理表面。

将马尾分为左右两半。

将左侧马尾再分一半，为 A1 区与 A2 区。

取 A1 区一小束发束。

将该发束分成三股。

使用三股加编技术，由左侧一束开始编制，交迭至中心。

再由右侧发束进入，交迭至中心。

左侧发束再进入，交迭至中心。

右侧发束再进入，交迭至中心。

从 A1 区马尾取出一小束发束。

将该发束由右侧交迭至中心，并与右侧发束结合。

13

左侧发束再进入，交迭至中心。

14

右侧再发束进入，交迭至中心。

15

再从马尾取一小束发束。

16

将该发束由右侧交迭至中心，须与右侧发束结合。

17

按步骤13～步骤16依序编制，直至A1区右侧发束编制完成。

18

再改用三股编技术编至发尾，并以倒梳固定发尾。

19

将右侧马尾等分两份，为A3区和A4区。

20

取A4区一小束发束。

21

将该发束再分成三股。

22

同A1区发型编制方法一样编制A4区。

23

发尾以倒梳方式固定。

24

取A2区一小束发束。

25

26

27

28

将该发束分成三股。

同 A1 区编制方法一样编制 A2 区。

发尾以倒梳方式固定。

取 A3 区一小束发束。

29

30

31

32

将该发束再分成三股。

同 A1 区编制方法一样编制 A3 区。

发尾以倒梳方式固定。

将 A1 区后段发辫向上收进发型内。

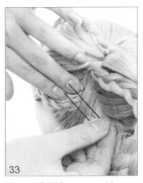

33

34

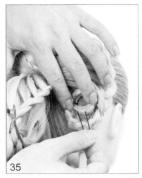

35

36

以 U 形夹固定 A1 区发型。

将 A4 区后段发辫向上收进发型内。

以 U 形夹固定 A4 区发型。

调整 A2 区发辫位置。

调整 A3 区发辫位置。　　以 U 形夹固定 A3 区发型。　　将 A3 区发辫向上收进发型内。　　以 U 形夹固定 A3 区发辫。

将 A2 区发辫向上收进发型内。　　以 U 形夹固定 A2 区发型。　　最后喷上定型液固定即可。

✱分区图

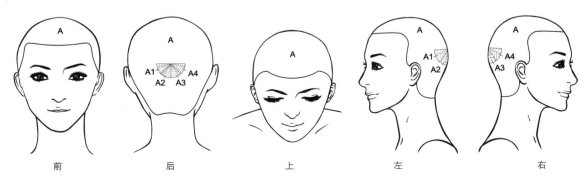

前　　　　　　后　　　　　　上　　　　　　左　　　　　　右

造型设计

三股技巧 5

前方

右前

右侧

右后

★分区图

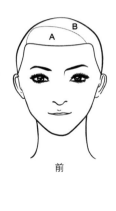
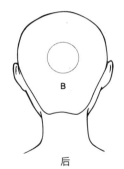

前　　　　　　　　后

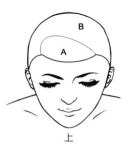
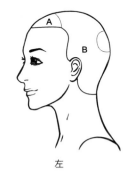
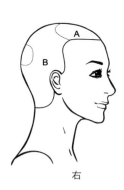

上　　　　　　　　左　　　　　　　　右

左后　　　　　　　左侧　　　　　　　左前

三股技巧 5

1 分出一片三角区块为刘海 A 区。（注：约右前侧点 3 公分连至左前侧点。）

2 将 B 区发束收握成马尾，先将发夹加橡皮筋套于食指上。

3 将发夹加橡皮筋向上沿大拇指环绕 1/2 圈，再将发夹加橡皮筋沿 B 区发束下方向左绕至发束左侧。

4 重复步骤 3，将发夹加橡皮筋再绕 B 区发束一圈。

5 将橡皮筋穿进发夹内。

6 将发夹推进 B 区发束内，即可完成固定动作。

7 将 B 区马尾分为左右两束。

8 将 B 区左侧发束再分成上下两束。

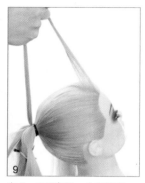

9 在 A、B 区各取一小束发束。

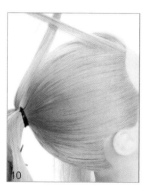

10 将两发束使用三股加编技术，由左侧一束开始编制，交迭至中心。（注：取发角度应服贴于头皮。）

11 再从 B 区取一小束发束，由右侧进入，交迭至中心。

12 左侧发束再进入，交迭至中心。

右侧发束再进入，交选至中心。

左侧发束再进入，交选至中心后，再取 A 区的一小束发束。

将该发束由左侧交选至中心，并与左侧发束结合后，由右侧发束再进入，交选至中心。

取 B 区的一小束发束。

将该发束由右侧交选至中心，须与右侧发束结合。

左侧发束再进入，交选至中心。

按步骤15～步骤18依序编制，至 A 区发束编制完毕。

由右侧一发束进入，交选至中心，再取 B 区的一小束发束。

将该发束由右侧交选至中心，并与右侧发束结合，再由左侧发束进入，交选至中心。

右侧发束再进入，交选至中心，再从 B 区取一小发束，交选至中心，并与右侧发束结合，再由左侧发束进入，交选至中心。

按步骤21～步骤22依序编制，至 B 区右侧发束编制完成。

再改用三股编技术，将 B 区后段发束编制发尾。

25 以橡皮筋固定 B 区发辫尾端。

26 用扩大技术调整发辫表面。(注：注意发辫比例。)

27 选一适当位置将后段发辫收好。

28 将后段发辫穿进 B 区中央发型，再由下方拉出发辫。

29 将发辫稍微拉紧，并调整适当位置。

30 将后段发辫缠绕在中心马尾上。

31 最后以 U 形夹固定 B 区发辫即可。

★ 分区图

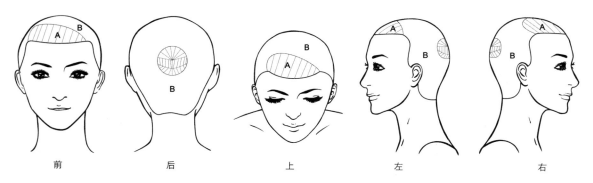

前　　　　　后　　　　　上　　　　　左　　　　　右

造型设计

三股技巧6

右前

右侧

右后

后方

★ 分区图

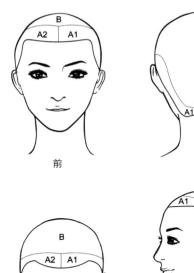

前

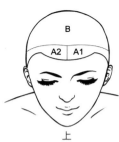

上

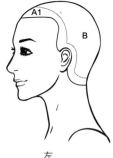

左

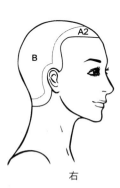

右

左侧

左前

前方

三股技巧 6

将头发分出正中线到黄金点。

取 A1 区顶端三角基面发束。

在 A1 区使用三股加编技术，先将该发束分成三股。（注：持发角度应服贴于头皮。）

左侧发束先进入，交迭至中心。

右侧发束再进入，交迭至中心。

左侧发束再进入，交迭至中心。

右侧发束再进入，交迭至中心。

取左侧基面约 1cm 发束。

将该发束由左侧交迭至中心，须与左侧发束结合后，将右侧发束再进入，交迭至中心。

左侧发束再进入，交迭至中心。

取左侧基面约 1cm 发束。

将此发束由左侧交迭至中心，须与左侧发束结合后，将右侧发束再进入，交迭至中心。

13

按步骤 11～步骤 12 依序编制，直至 A1 区发束编完，再以鸭嘴夹暂时固定。

14

取 A2 顶端三角基面发束。

15

将该发束分成三股，左侧发束先进入，交迭至中心。（注：持发角度应服贴于头皮。）

16

右侧发束再进入，交迭至中心。

17

左侧发束再进入，交迭至中心。

18

右侧发束再进入，交迭至中心。

19

取右侧基面约 1cm 发束。

20

将此发束由右侧交迭至中心，须与右侧发束结合。

21

左侧发束再进入，交迭至中心。

22

右侧发束再进入，交迭至中心。

23

取右侧基面约 1cm 发束。

24

将此发束由右侧交迭至中心，须与右侧发束结合。

按步骤 21～步骤 24 依序编制，直至 A2 区发束编完。

将 A1 区发辫与 A2 区发辫汇合在一起。

将汇合后的发束使用三股编技术。

取左侧发际基面约 1cm 发束。

将此发束由左侧交迭至中心，须与左侧发束结合。（注：持发角度略微提升。）

右侧发束再进入，交迭至中心。

取右侧发际基面约 1cm 发束。

将此发束由右侧交迭至中心，须与右侧发束结合。

左侧发束再进入，交迭至中心后，取左侧发际基面约 1cm 发束。

将此发束由左侧交迭至中心，须与左侧发束结合。

右侧发束再进入，交迭至中心。

取右侧发际基面约 1cm 发束。

将此发束由右侧交迭至中心，须与右侧发束结合。

左侧发束再进入，交迭至中心后，再取左侧发际基面约1cm发束。

将此发束再由左侧交迭至中心，须与左侧发束结合，按步骤35～步骤38依序编制至适当的位置。

用橡皮筋将发尾以及剩余的头发固定在一起。

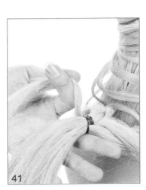
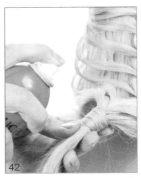

取发尾一小束头发。

最后将步骤41的发束环绕在橡皮筋上，再喷上定型液固定。

★ 分区图

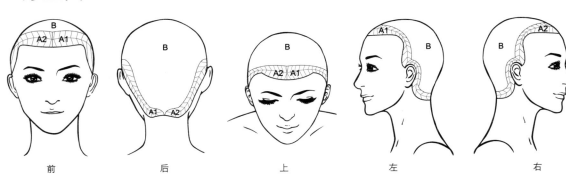

前　　　　　后　　　　　上　　　　　左　　　　　右

造型
三 股 技 巧 7
设计

右前

右侧

右后

后方

★分区图

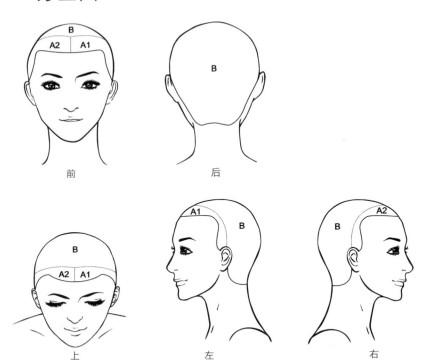

前　　　　　　　　　后

上　　　　　　　　　左　　　　　　　　　右

左侧　　　　　　　　左前　　　　　　　　前方

三股技巧 7

将头发分出正中线到黄金点。

取 A1 区顶端三角基面发束。

在 A1 区使用三股加编技术，先将该发束分成三股。（注：持发角度应服贴于头皮。）

左侧发束先进入，交迭至中心。

右侧发束再进入，交迭至中心。

左侧发束再进入，交迭至中心。

右侧发束再进入，交迭至中心。

取左侧基面约 1cm 发束。

将该发束由左侧交迭至中心，须与左侧发束结合后，将右侧发束再进入，交迭至中心。

左侧发束再进入，交迭至中心。

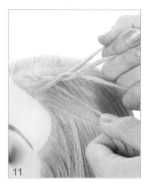

取左侧基面约 1cm 发束。

将此发束由左侧交迭至中心，须与左侧发束结合。

13 右侧发束再进入，交迭至中心。

14 左侧发束再进入，交迭至中心。

15 取左侧基面约 1cm 发束。

16 将此发束由左侧交迭至中心，须与左侧发束结合，将右侧发束再进入，交迭至中心。

17 左侧发束再进入，交迭至中心。

18 按步骤 15～步骤 17 依序编制，至 A1 区左侧发束编制结束。

19 再改用三股编技术，左侧发束先进入，交迭至中心，将右侧发束再进入，交迭至中心。

20 按步骤 19 依序编制至发尾。

21 以倒梳固定 A1 区发尾。

22 取 B 区顶端三角基面发束。

23 将该发束分成三股，左侧发束先进入，交迭至中心。（注：持发角度应服贴于头皮。）

24 右侧发束再进入，交迭至中心。

25
左侧发束再进入，交迭至中心。

26
右侧发束再进入，交迭至中心。

27
取右侧基面约 1cm 发束。

28
将此发束由右侧交迭至中心，
须与右侧发束结合。

29
左侧发束再进入，交迭至中心。

30
右侧发束再进入，交迭至中心。

31
取右侧基面约 1cm 发束。

32
将此发束由右侧交迭至中心，
须与右侧发束结合。

33
按步骤 29～步骤 32 依序编制，
至 A2 区右侧发束编制结束。

34
再改用三股编技术。

35
右侧发束再进入，交迭至中心。

36
按步骤 43～步骤 44 依序编
制，并使用倒梳固定发尾。

将 A1 区发尾向上折起收好。

将 A2 区发尾向上折起收好。

以 U 形夹将两区发辫上半部合拢，并遮盖住里面的发辫。

最后以 U 形夹将两区发辫下半部合拢，固定即可。

★ 分区图

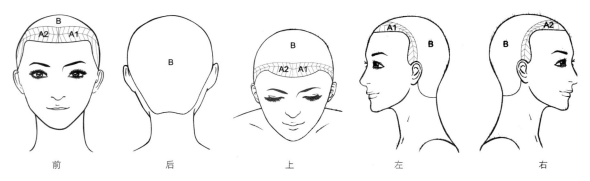

前   后   上   左   右

2.4 多种混合技巧

造型 设计 多种混合技巧 ❶

★ 分区图

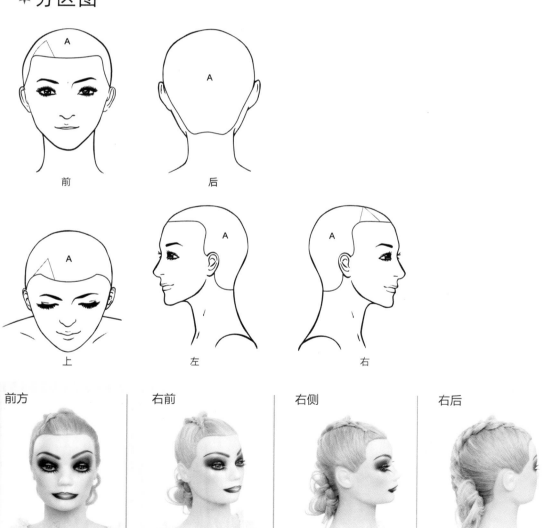

前　　　　　　后

上　　　　　　左　　　　　　右

前方　　　　右前　　　　右侧　　　　右后

138

左后

左侧

左前

多种混合技巧 1

在 A 区右前侧点取一束 5cm 宽的三角基面发束。

将该发束分成三股。

将该发束使用三股反编加编技术，由左侧一束开始编制，交选至中心发束下方。（注：持发角度应服贴于头皮。）

再由右侧一发束进入，交选至中心发束下方。

左侧发束再进入，交选至中心发束下方。

右侧发束再进入，交选至中心发束下方。

取右侧基面约 1cm 发束。

将此发束由右侧交选至中心发束下方，须与右侧发束结合。

左侧发束再进入，交选至中心发束下方。

取左侧基面约 1cm 发束。

将此发束再由左侧交选至中心发束下方，须与左侧发束结合。

再取右侧基面约 1cm 发束。

13 将此发束由右侧交迭至中心发束下方，须与右侧发束结合后，由左侧发束再进入，交迭至中心发束下方。

14 分离出左侧的一小部分发丝不编制。

15 取左侧基面约 1cm 发束。

16 将此发束由左侧交迭至中心发束下方，须与左侧发束结合。

17 分离出右侧发束的一小部分发丝不编制。

18 右侧发束再进入，交迭至中心发束下方。

19 取右侧基面约 1cm 发束。

20 将此发束由右侧交迭至中心发束下方，须与右侧发束结合。

21 左侧发束再进入，交迭至中心发束下方，再分离出一小部分发丝不编制。

22 按步骤 15～步骤 21 依序编制，直至 A 区左右两侧发束编制完成。

23 再改用三股编技术完成 A 区发尾，仍须分离出一小部分发丝不编制。

24 先由右侧发束进入，交迭至中心发束下方，并分离出左侧一小部分发丝不编制。

141

25

26

27

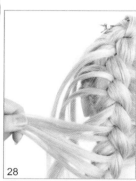

28

再由左侧发束进入，交选至中心发束下方，并分离出右侧一小部分发丝不编制。

按步骤 24～步骤 25 依序编制，至剩下 1/3 发尾。

改用三股反编技术编至 A 区结束，并以倒梳固定。

整理先前预留的发丝。

29

30

31

32

喷上定型液，并梳理 A 区左右两侧的发面。

用扩大技术调整 A 区发辫表面，使之产生粗糙的质感。（注：注意发辫比例。）

用扩大技术调整 A 区发辫表面。

调整 A 区发型整体感。

33

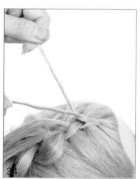

34

35

36

将先前预留的发丝做单股扭转技术。

取相近的两条预留发丝，然后使用双股扭转技术。

做双股扭转技术的同时，加入其他预留的发丝。

继续使用双股扭转技巧。

37

再加入其他预留的发丝。

38

按步骤 35～步骤 37 依序编制，直至将所有预留发丝全部编制完毕。

39

将双股扭转的预留发丝与三股反编发辫相结合，并使用三股反编技术。

40

将该两束发辫使用三股反编技术编至发尾。

41

以倒梳固定发尾后，抓起整条发辫，并将发尾向内卷收。

42

将发尾卷成花瓣状。

43

以 U 形夹固定发尾发型。

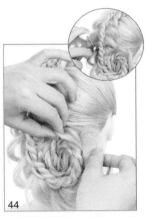

44

最后调整发丝比例与细节，并喷上定型液即可。

✶ 分区图

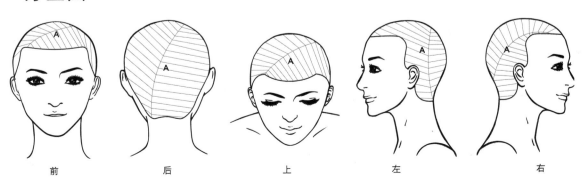

前　　　　　　后　　　　　　上　　　　　　左　　　　　　右

造型 设计 多种混合技巧 ②

★ 分区图

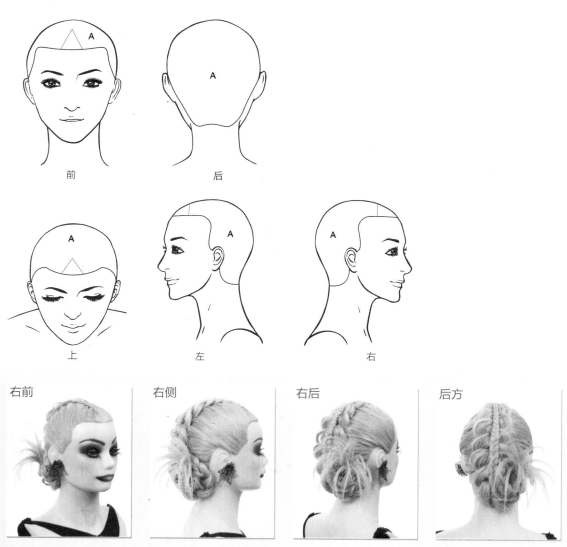

前　　　　　　　后

上　　　　　　　左　　　　　　　右

右前　　　　右侧　　　　右后　　　　后方

左侧

左前

前方

多种混合技巧 2

在 A 区取一片 3cm 宽的三角基面发束。

将该发束分成三股。

将该发束使用三股反编加编技术，由左侧一束开始编制，交选至中心发束下方。

将右侧发束进入，交选至中心发束下方。

左侧发束再进入，交选至中心发束下方后，右侧发束再进入，交选至中心发束下方。

取右侧基面约 1cm 发束。

将该发束由右侧交选至中心发束下方，与右侧发束结合后，由左侧发束再进入，交选至中心发束下方。

取左侧基面约 1cm 发束，将该发束由左侧交选至中心发束下方，并与左侧发束结合后，由右侧发束再进入，交选至中心发束下方。

取右侧基面约 1cm 发束，将该发束由右侧交选至中心发束下方，并与右侧发束结合。

左侧发束再进入，交选至中心发束下方。

取左侧基面约 1cm 发束，将该发束交选至中心发束下方，须与左侧发束结合。

右侧发束再进入，交选至中心发束下方后，分离出右侧一小部分发丝不编制，并以鸭嘴夹暂时固定。

取右侧基面约 1cm 发束，将该发束交迭至中心发束下方，须与右侧发束结合。

左侧发束再进入，交迭至中心发束下方后，取左侧基面约 1cm 发束，将该发束由左侧交迭至中心发束下方，并与左侧发束结合。

分离出左侧一小部分发丝不编制，并以鸭嘴夹暂时固定。

右侧发束再进入，交迭至中心发束下方后，取右侧基面约 1cm 发束，将该发束再交迭至中心发束下方，并与右侧发束结合。

按步骤12～步骤16依序编制，至 A 区左右两侧发束编制完成。

改用三股编技术完成发尾。

仍要分离出一小部分发丝不编制，并以鸭嘴夹暂时固定。

由左侧一束发束进入，交迭至中心发束下方，然后分离出一小部分发丝不编制，并以鸭嘴夹暂时固定。

由右侧一束发束进入，交迭至中心发束下方，然后分离一小部分发丝不编制，并以鸭嘴夹暂时固定。

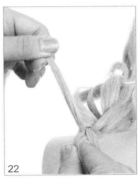

按步骤20～步骤21依序编制，至发尾剩下约 1/4。

再改用三股反编技术编至 A 区结束。

完成 A 区发辫后，以倒梳方式固定发辫。

用扩大技术调整A区发辫表面，使之产生粗糙的质感。（注：须注意发辫比例。）

用扩大技术调整发辫表面。

调整发型整体感。

将预留的发束交迭，使用鱼骨编技术。

由左侧发束进入，交迭至中心发束上方，再右侧发束进入，同样往上交迭至中心。

在使用鱼骨编技巧的同时，也将预留发丝逐一加入。

按步骤29～步骤30依序编制。

重复步骤直至预留发丝全数编制结束。

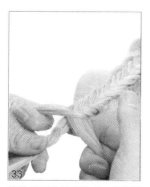

继续使用鱼骨编技术，将预留发丝编制至剩下约1/4，并将鱼股编发尾结合三股反编发尾。

使用三股反编技术将两发辫结合编至结束。

以倒梳方法固定发尾。

抓起A区整条发辫。

37
将发尾向内卷收。

38
将发尾收卷成花瓣状。

39
以 U 形夹固定花瓣状的发尾。

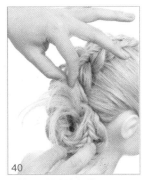

40
调整发尾比例与细节。

41
最后喷上定型液固定全部发型
即可。

★ 分区图

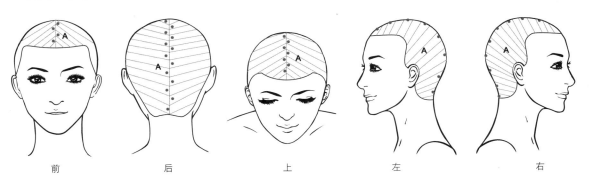

前　　　　　后　　　　　上　　　　　左　　　　　右

造型 设计 多种混合技巧 ③

★ 分区图

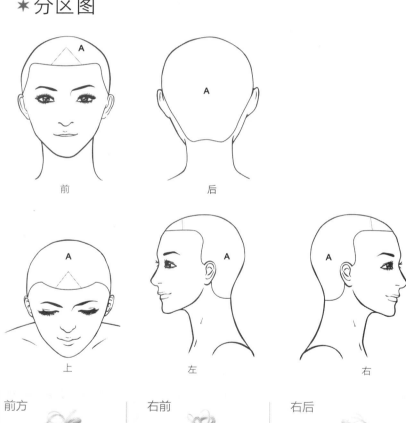

前　　　　　　　　后

上　　　　左　　　　右

前方

右前

右后

后方

左后

左侧

左前

多种混合技巧 3

1 在 A 区取一束 3cm 宽的三角基面发束。

2 将该发束分成三股。

3 将该发束使用三股反编加编技术，由左侧一束开始编制，交送至中心发束下方。（注：持发角度应服贴于头皮。）

4 右侧发束进入，交送至中心发束下方。

5 左侧发束再进入，交送至中心发束下方后，右侧发束再进入，交送至中心发束下方。

6 取右侧基面约 1cm 发束。

7 将该发束由右侧交送至中心发束下方，与右侧发束结合后，左侧发束再进入，交送至中心发束下方。

8 取左侧基面约 1cm 发束，将该发束由左侧交送至中心发束下方，并与左侧发束结合后，右侧发束再进入，交送至中心发束下方。

9 取右侧基面约 1cm 发束，将该发束由右侧交送至中心发束下方，与右侧发束结合。

10 左侧发束再进入，交送至中心发束下方。

11 取左侧基面约 1cm 发束，将该发束交送至中心发束下方，须与左侧发束结合。

12 右侧发束再进入，交送至中心发束下方后，分离出右侧一小束发丝不编制，并以鸭嘴夹暂时固定。

取右侧基面约 1cm 发束，将该发束交送至中心发束下方，须与右侧发束结合。

左侧发束再进入，交送至中心发束下方后，取左侧基面约 1cm 发束，将该发束由左侧交送至中心发束下方，并与左侧发束结合。

分离出左侧一小束发丝不编制，并以鸭嘴夹暂时固定。

右侧发束再进入，交送至中心发束下方后，取右侧基面约 1cm 发束，将该发束再交送至中心发束下方，并与右侧发束结合。

按步骤 12～步骤 16 依序编制，至 A 区左右两侧发束编制完成。

后段发束改用三股编技术。

仍要分离出一小束发丝不编制，并以鸭嘴夹暂时固定。

由左侧一束发束进入，交送至中心发束下方后，再分离出一小束发丝不编制，并以鸭嘴夹暂时固定。

由右侧一束发束进入，交送至中心发束下方后，再分离一小部分发丝不编制，按步骤 20～步骤 21 依序编制，至发尾剩下约 1/4。

再改用三股反编技术编至 A 区发束结束，并以倒梳方式固定。

用扩大技术调整 A 区发辫表面，使之产生粗糙的质感。（注：注意发辫比例。）

用扩大技术调整发辫表面。

25

调整发型整体感。

26

将预留的发束分为左右两边。

27

使用 32mm 电卷棒，将所有预留的发束进行纹理化。

28

由发丝底部到发尾依序上卷。

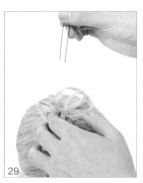

29

随意抓起适当的发丝预留量，进行表面质感整理，再以 U 形夹固定。

30

适当将预留发丝使用圈环技术。

31

调整整体感，由光滑的纹理渐进至粗糙蓬松的纹理。

32

最后以定型液固定发型，并调整造型整体感。

★ 分区图

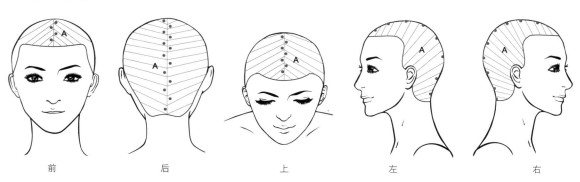

前　　　　后　　　　上　　　　左　　　　右

造型设计 多种混合技巧 ④

★ 分区图

前   后

上   左   右

前方   右前   右侧   后方

左后

左侧

左前

多种混合技巧 4

分出 A 区发束。（注：由左前侧到右耳后。）

将 A 区发束稍做固定。

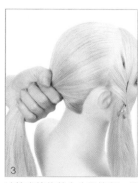

以按摩梳将其余头发梳顺，并收握成马尾，为 B 区。

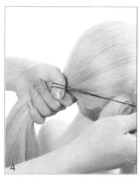

将 B 区马尾以发夹加橡皮筋固定，先将发夹加橡皮筋套于食指上。

将发夹加橡皮筋向下沿马尾环绕 1/2 圈。

将发夹加橡皮筋环绕马尾 1 圈后，再将发夹加橡皮筋向下沿马尾环绕 1/2 圈。

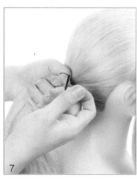

二次环绕马尾 1 圈后，将橡皮筋穿进发夹内，准备收尾动作。

将发夹推进 B 区马尾内即可完成固定动作。

取 B 区马尾的一小束发束。

将该发束分成相等的两小束发束。

将两束发束分别使用单股扭转技术。

将扭转后的发束，左右交迭成双股扭转。

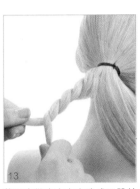

13 将两束发束左右交迭成双股并扭转至发尾。

14 用扩大技术调整发辫表面，使之产生粗糙的质感，再以倒梳固定。（注：须注意发丝比例。）

15 将该区发辫向上环绕。

16 将该区发辫向上环绕成一发髻，并以发夹固定并置于马尾左侧。

17 再取 B 区马尾另一小束发束。

18 将该区发束分成相等的两小束发束。

19 将该两束发束分别使用单股扭转技术。

20 将扭转后的发束，左右交迭成双股并扭转至发尾。

21 用扩大技术调整发辫表面，使之产生粗糙的质感，并以倒梳固定。（注：须注意发丝比例。）

22 将该区发辫向上环绕。

23 将该区发辫向上环绕成一个发髻。

24 将发髻扭转，并以发夹固定，置于马尾上方。

25 再取 B 区马尾另一小发束。

26 将该区发束重复步骤 18～步骤 21。

27 用倒梳固定该区发尾。

28 再重复步骤 22～步骤 24，即可完成该区发型。

29 再取 B 区马尾一小发束。

30 将该区发束重复步骤 18～步骤 21。

31 用倒梳固定该区发尾。

32 再重复步骤 22～步骤 24，即可完成该区发型，须预留 B 区右下侧部分发束。

33 将 A 区发束分为 A1、A2 区。

34 取 A1 区顶端三角基面发束，并将该发束分成两股。

35 左侧发束先进入，交迭至右侧发束。

36 取右侧基面约 1cm 发束，交迭至中心，形成三股编加编。

左侧发束再进入，交迭至中心。	右侧发束再进入，交迭至中心。	取右侧基面约 1cm 发束。	将此发束与右侧发束结合，再由右侧交迭至中心。

左侧发束再进入，交迭至中心。	右侧发束再进入，交迭至中心。	取右侧基面约 1cm 发束。	将此发束与右侧发束结合后，由右侧交迭至中心。

左侧发束再进入，交迭至中心。	右侧发束再进入，交迭至中心。	取右侧基面约 1cm 发束。	按步骤44～步骤47依序编制，至 A1 区右侧发束结束。

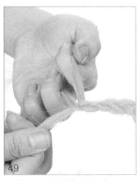

49

再使用三股编技术完成 A1 区剩余发尾。

50

用倒梳固定 A1 区发辫。

51

用扩大技术调整发辫表面，使之产生粗糙的质感。（注：须注意发丝比例。）

52

加强调整质感与比例。

53

取 A2 区顶端三角基面发束。

54

重复 A1 区发型步骤，直至编制完 A2 区右侧发束。

55

使用三股编技术完成 A2 区剩余发尾。

56

用倒梳固定 A2 区发辫。

57

向上抓起 A2 区发辫，找到 A2 区发辫中心点，将该发辫分成前后段。

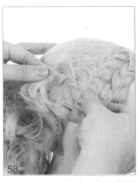

58

将 A2 区后段发辫环绕成花瓣状。

59

以 U 形夹固定步骤 58 的发型。

60

收好发尾，做出花蕊般的质感。

61 以 U 形夹暂时固定发尾发型。

62 抓起 A1 区发辫。

63 盘制第二圈花瓣质感，以 U 形夹暂时固定。

64 围绕第一束花瓣。

65 收好发尾，并以 U 形夹固定。

66 使用 32mm 电卷棒将 B 区预留的发束纹理化。

67 从发根、发中，再到发尾，依序上卷。

68 上卷完成。

69 以按摩梳将卷发梳开。

70 随意抓一小束发束。

71 固定于 B 区发型内侧造出层次感。

72 以 U 形夹固定步骤 71 的发型。

73

再重复步骤70~步骤72约2~3次。

74

将剩下的 B 区发束扭转。

75

用扩大技术调整发辫表面，使之产生粗糙的质感。

76

重复步骤 74。

77

重复步骤 75。

78

最后重复步骤 74~步骤 77 完成 B 区剩下发束，再用定型液固定即可。

★ 分区图

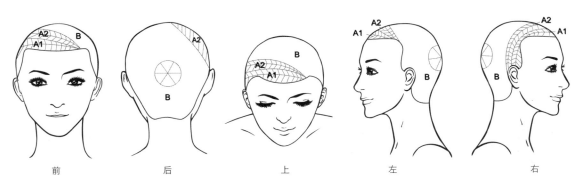

前　　　　　后　　　　　上　　　　　左　　　　　右

造型 设计 多种混合技巧 ❺

★ 分区图

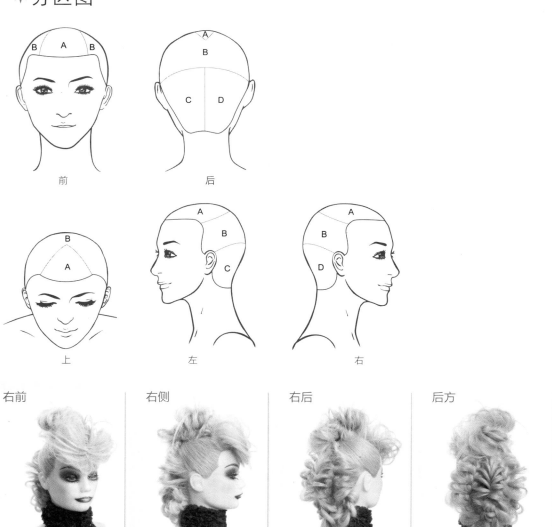

前　　　　　　后

上　　　　　　左　　　　　　右

右前　　　右侧　　　右后　　　后方

左后

左侧

上方

前方

多种混合技巧 5

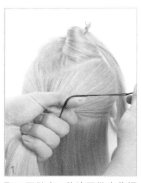

取 B 区发束，将该区发束收握成一束，再将发夹加橡皮筋套于食指上。

将发夹加橡皮筋向下沿发束环绕 1/2 圈。

再将发夹加橡皮筋环绕 B 区发束 1/2 圈，重复步骤 2～步骤 3，将发夹加橡皮筋再环绕发束一圈。

将橡皮筋穿进发夹内，B 区发束完成固定。

前上方 A 区发束。

后方分成 C、D 二区发束。

取 C 区顶端三角基面发束。

将此发束分成三股。

在 C 区使用三股编加编技术，由左侧一束开始编制，交迭至中心。

再由右侧一发束进入，交迭至中心。

左侧发束再进入，交迭至中心。

右侧发束再进入，交迭至中心。

取右侧基面约 1cm 发束。（注：维持 45°持发角度，再依序加入发束。）

将此发束与右侧发束结合。

再由右侧交迭至中心。

取左侧基面约 1cm 发束，将此发束再由左侧交迭至中心并与左侧发束结合后，交迭至中心。

再取右侧基面约 1cm 发束。

将此发束与右侧发束结合后，再由右侧交迭至中心。

按步骤 13～步骤 18 依序编至结束，完成 C 区，再用三股编将该发束编至发尾。

以橡皮筋固定 C 区发辫。

用扩大技术调整发辫表面，使之产生粗糙的质感。（注：注意发辫比例。）

C 区发型完成。

取 D 区顶端三角基面发束。

以同样的技术，完成 D 区发型。

25 用扩大技术调整发辫表面，使之产生粗糙的质感，完成D区发型。（注：须注意发辫比例。）

26 将B区马尾分成相等的两束发束。

27 在B区使用鱼骨编技术，取右侧一小束发束，交迭至中心。

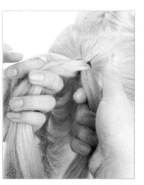

28 取左侧一小束发束，交迭至中心。

29 取右侧一小束发束，交迭至中心。

30 取左侧一小束发束，交迭至中心。

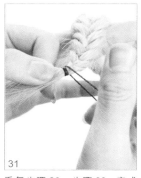

31 重复步骤29～步骤30，完成B区马尾，再以橡皮筋固定B区发辫。

32 用扩大技术调整发辫表面，使之产生粗糙的质感。（注：须注意发辫比例。）

33 取A区三角基面发束。

34 将该发束分成相等的两小束发束。

35 将左侧发束，交迭至中心。

36 取右侧基面约1cm发束，交迭至中心。

取左侧基面约 1cm 发束。

将该发束交迭至中心。

取右侧基面约 1cm 发束，交迭至中心。

取左侧基面约 1cm 发束，交迭至中心。

重复步骤 37～步骤 40，完成 A 区发束，再用倒梳暂时固定鱼骨编马尾。

抓起 A 区已编制完成的发束。

食指伸进 A 区发型内。

将 A 区发辫向前拉。

以发夹固定 A 区发辫中心。

利用扩大技术调整发辫表面，使之产生粗糙的质感。（注：须注意发辫比例。）

将 A 区发束向下拉，形成一束蓬松的刘海。

在 A 区喷上定型液，固定 A 区发型。

49 以 U 形夹暂时固定 A 区发丝细节，并喷上定型液。

50 以倒梳加强固定 A 区发尾。

51 将 A 区发尾向上收进前段发型内。

52 以发夹固定 A 区发尾。

53 用扩大技术调整 B 区发辫表面，使之产生粗糙的质感。（注：须注意发辫比例。）

54 将 B 区鱼骨编向上环绕一圈，再以发夹固定。

55 再扭转发辫，使发辫呈 8 字形。

56 调整 B 区发辫比例与密度。

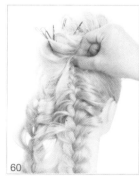

57 将 B 区发尾向内收进。

58 以发夹固定 B 区发尾，并调整发尾细节。

59 以 U 形夹固定细节，并喷上定型液。

60 将食指伸进 D 区发型内部，将 D 区发辫向上拉。

61 以发夹固定向上拉之后的 D 区发辫。

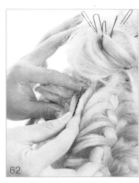

62 重复步骤 60～步骤 61，完成 C 区发束。

63 抓起 D 区发辫。

64 将 D 区发辫环绕成花瓣状后，以发夹固定。

65 抓起 C 区发辫。

66 将 C 区发辫环绕成花瓣状后，以发夹固定。

67 将 A、B 区所有 U 形夹拆下。

68 最后以定型液固定全部发型即可。

★ 分区图

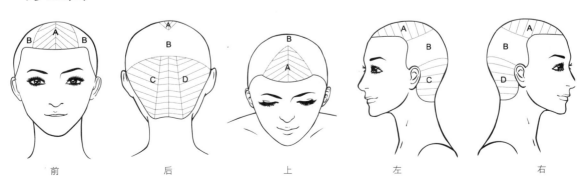

前　　　　　后　　　　　上　　　　　左　　　　　右

造型 设计 多种混合技巧 ❻

★ 分区图

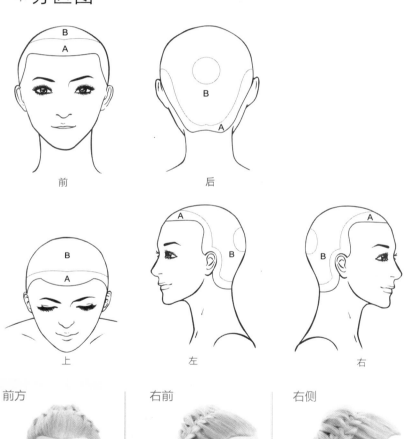

前　　　　　　　　后

上　　　　　　　　左　　　　　　　　右

前方　　　　　右前　　　　　右侧　　　　　右后

左后

左侧

左前

多种混合技巧 6

将 B 区发束收握成马尾，再将发夹加橡皮筋套于食指上。

将发夹加橡皮筋沿 B 区发束环绕两圈。

将橡皮筋穿进发夹内，再将发夹推进 B 区发束内即可完成固定动作。

沿发际线预留 1~2cm 发束，为 A 区。

前面预留的发际线。

将 B 区马尾区分成左右两束。

取 A 区一小束发束。

再取 B 区一小束发束，使用三股加编技术，由左侧一束开始编制，交迭至中心。（注：持发角度应服贴于头皮。）

再取 B 区一小束发束，交迭至中心。

左侧发束再进入，交迭至中心。

右侧发束再进入，交迭至中心后，再取 B 区一小束发束，并将该发束交迭至中心，并与右侧发束结合。

左侧发束再进入，交迭至中心。

取 A 区一小束发束，交迭至中心后，与左侧发束结合。

按步骤 11～步骤 13 依序编制，直至 A、B 区左侧发束编制完成。

将发辫编至颈部后侧，然后以鸭嘴夹暂时固定。

取 A 区一小束发束，再取 B 区一小束发束，并使用三股加编技术。

由右侧一束开始编制，交迭至中心。

再取 B 区一小束发束，交迭至中心。

左侧发束再进入，交迭至中心。

再取 A 区一小发束。

将该发束交迭至中心，并与右侧发束结合。

按步骤 18～步骤 21 依序编制。

将该区发辫编至颈部后侧后，与步骤 15 的发束结合。

使用三股编技术，编出约两节发辫。

25
再改用鱼骨编技术，编至发尾，并以橡皮筋固定发尾。

26
用扩大技术调整发辫表面。（注：注意发辫比例。）

27
加强调整发辫表面。

28
调整全部发辫表面。（注：须注意发辫比例。）

29
以 U 形夹固定并合拢左右两区发辫。

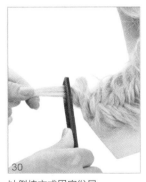

30
以倒梳方式固定发尾。

31
最后以定型液固定全部发型即可。

★ 分区图

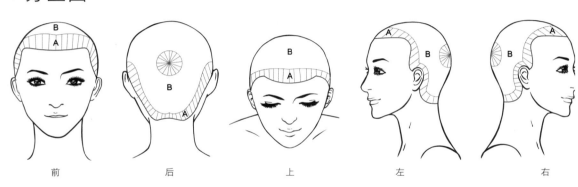

前　　　　　　后　　　　　　上　　　　　　左　　　　　　右

造型设计 多种混合技巧 ❼

★ 分区图

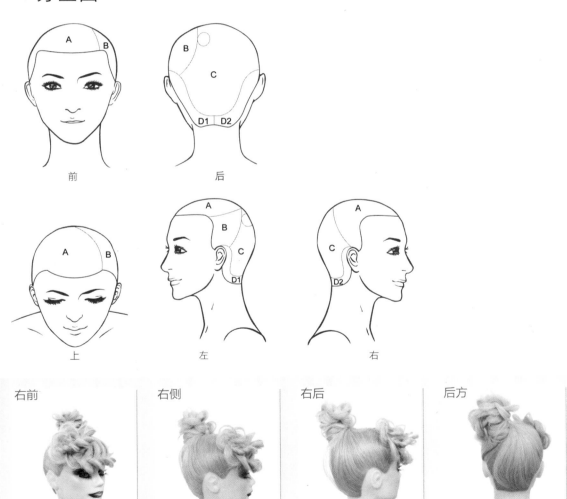

前　　　　　后

上　　　　　左　　　　　右

右前　　　右侧　　　右后　　　后方

左后

左侧

左前

前方

多种混合技巧 7

分出一条由左耳点通过黄金点到右耳点的线，分为 A 区与 C 区。

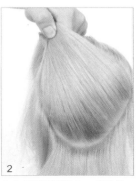

在 C 区周围预留 2cm 发际线。

将 C 区马尾以橡皮筋固定，先将发夹加橡皮筋套于食指上。

将发夹加橡皮筋环绕马尾 1 圈。

重复步骤 4，再将发夹加橡皮筋环绕马尾一圈。

将橡皮筋穿进发夹内，准备收尾动作。

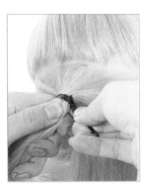

将发夹推进 C 区马尾内即可完成固定动作。

取 B 区发束。

将 B 区发束扭转并围绕在 C 区马尾周围。

以逆时针方向，将 B 区发束沿 C 区马尾围绕。

以逆时针方向，将 B 区发束沿 C 区马尾围绕。

以逆时针方向，将 B 区发束沿 C 区马尾围绕。

13 以逆时针方向，再沿 C 区马尾围绕一圈。

14 将发尾收藏好，并以发夹固定。

15 将 A 区头发由鬓角出发，以前侧点为中心梳一个 C 形的发型分区。

16 以尖尾梳整理发面。

17 在此 C 形发型分区处喷上定型液。

18 以平夹暂时固定 C 形发型区，防止 C 形发型区被破坏。

19 取 A 区三角基面发束。

20 将 A 区三角基面发束分成三股，并使用两股加编技术。

21 由右侧一束开始编制，交迭至中心。

22 再由左侧一发束进入，交迭至中心。

23 取左侧基面约 1cm 发束，将此发束由左侧交迭至中心，须与左侧发束结合。

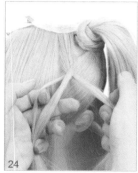

24 右侧发束进入，交迭至中心。

左侧发束进入，交迭至中心。

再取左侧基面约 1cm 发束。

将该发束由左侧交迭至中心，须与左侧发束结合。

再由右侧发束进入，交迭至中心。

再由左侧一束发束进入，交迭至中心。

按步骤26～步骤29依序编制，直至将 A 区左侧发束编制完成。

再将 A 区的两股加编技术，改编为三股编。

将 A 区用三股编编至发尾。

以倒梳方式固定 A 区发辫尾端。

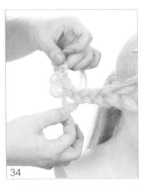

用扩大技术调整发辫表面，使之产生粗糙的质感。

用扩大技术调整发辫表面。（注：注意发辫比例。）

取下小平夹。

| 抓起 A 区发辫。 | 将 A 区后段发辫向右拉至 A 区发型上。 | 将 A 区发辫环绕成花瓣状。 | 调整 A 区发型大小位置。 |

| 将 A 区发型喷上定型液。 | 以 U 形夹暂时固定 A 区发型。 | 以 U 形夹暂时固定 A 区发辫，并调整发面质感。 | 以定型液固定 A 区发型。 |

| 抓起 D1 区发束向 C 区马尾处梳理。 | 将 D1 区发尾稍做扭转并环绕 C 区马尾周围。 | 将 D1 区发尾收藏好，并以发夹固定。 | 将 D2 区发束抓起，发中分摊成 C 形弧度，发尾稍扭转并环绕 C 区马尾周围。 |

以尖尾梳尾端稍整理 D2 区发面。

发尾稍做扭转并环绕在 C 区马尾周围。

将发尾收好。

以发夹固定 D2 区发尾。

以 U 形夹固定并调整发面质感。

将 C 区马尾分成左右两束。

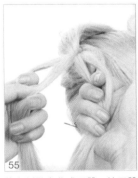

将右侧发束分成四股，编四股编。

由左侧最外围发束进入。

绕进来右侧并交送于右边内侧发束。

再由右侧最外围发束进入。

将该发束绕进左侧。

将该发束交送于左侧内侧发束，完成一节发辫。

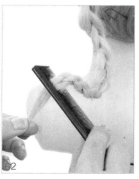

按步骤 56～步骤 60 依序编制完成。

以倒梳方式固定该发辫发尾。

用扩大技术调整发辫表面，使之产生粗糙的质感。

将另一 B 区马尾发束，按步骤 56～步骤 60 依序编制。

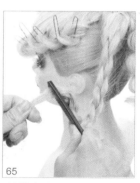

以倒梳方式固定该发辫发尾。

将两束做四股编，以扩大技术调整发辫表面。

抓起左边发辫。

将该发辫扭转围绕马尾并做出花瓣的质感。

将发尾收藏好，并以发夹固定。

抓起右边发辫。

该发辫扭转围绕马尾并做出花瓣的质感。

将发尾收藏好。

再以发夹固定该发尾。

将 D2 区 U 形夹小心拿起。

最后将 A 区 U 形夹小心拿起即可。

★分区图

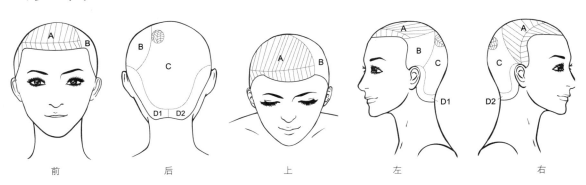

前　　　　后　　　　上　　　　左　　　　右

造型 设计 多种混合技巧 ⑧

★ 分区图

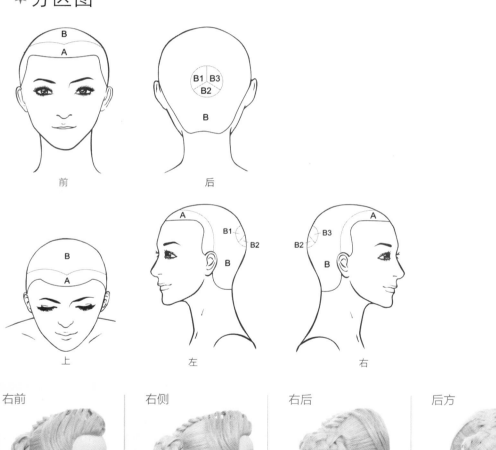

前　　　　　后

上　　　　　左　　　　　右

右前　　　右侧　　　右后　　　后方

左侧

左前

前方

多种混合技巧 8

在左右鬓角连接的发际线外围预留 2cm，为 A 区，再将 B 区发束收成马尾。

将 B 区马尾以发夹加橡皮筋固定，先将发夹加橡皮筋套于食指上。

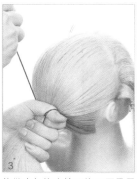

将发夹加橡皮筋环绕 B 区马尾 1 圈。

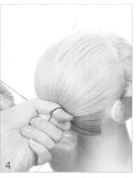

重复步骤 3，再将发夹加橡皮筋环绕 B 区马尾一圈。

将橡皮筋穿进发夹内，准备收尾动作。

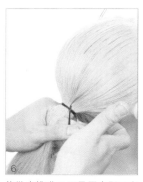

将发夹推进 B 区马尾内即可完成固定。

将 A 区发际线中分。

将 B 区马尾分成 3 束发束，由左至右为 B1、B2、B3。

将 B2 区发束分成三股。

使用三股反编技术，由左侧一束开始编制。

将该发束往下交迭至中心发束。

以鸭嘴夹暂时固定该发束。

13 取 B1 区发束,并分成 3 股。

14 使用三股编技术,由左侧一束开始编制,交迭至中心。

15 再由右侧一束发束进入,交迭至中心。

16 将 B1 区发束与 B2 区发束结合,并交迭至 B2 区中心,以鸭嘴夹暂时固定。

17 取 B3 区发束,使用三股编技术,由右侧一束开始编制,交迭至中心。

18 再由左侧一束发束进入,交迭至中心。

19 将 B3 区发束与 B2 区发束相结合。

20 按步骤 10~步骤 19 依序编制。

21 如图所示,九股编的发面完成。

22 依序编制至发尾,再以三股编编至结束。

23 以橡皮筋固定发辫发尾。

24 取 A 区中间约 3cm 发束。

将该发束分成 3 股。

使用三股反编技术，由左侧一束开始编制，交迭至中心。

右侧发束进入，交迭至中心。

左侧发束再进入，交迭至中心。

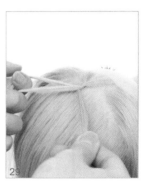
右侧发束再进入，交迭至中心。

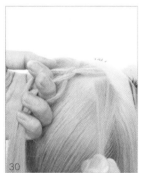
取右侧基面约 1cm 发束。

将该发束再由右侧交迭至中心，须与右侧发束结合。

左侧发束再进入，交迭至中心。

取左侧基面约 1cm 发束。

将该发束由左侧交迭至中心，须与左侧发束结合。

按步骤 30～步骤 34 依序编制，直至 A 区左右两侧发束编至结束。

再改为三股编编至发尾。

以橡皮筋固定 A 区发辫发尾。

用扩大技术调整发辫表面。(注：须注意发辫比例。)

将 A 区发束轻轻向前推，使发际线发辫轻微浮起。

用食指稍微向上提拉。

将发辫往上折，从内部以 U 形夹固定。

将九股编分一半。

将 A 区发辫的尾端塞进九股编内。

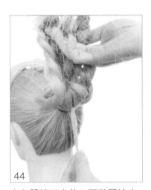

由九股编下方将 A 区发尾拉出。

以 U 形夹固定 A 区发辫。

抓起九股辫前段向上前折。

以 U 形夹固定九股辫周围。

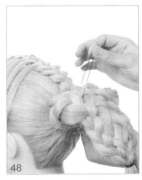

以 U 形夹固定九股辫周围。

49
将 B 区发尾向内收好。

50
将 B 区发尾向内卷。

51
再以 U 形夹固定九股编周围。

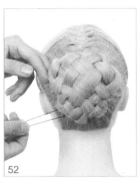
52
再以 U 形夹固定九股编周围。

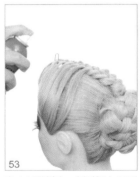
53
在 A 区发辫上，暂时插上 U 形夹，并喷上定型液固定高度。

54
最后取下 U 形夹即可。

★ 分区图

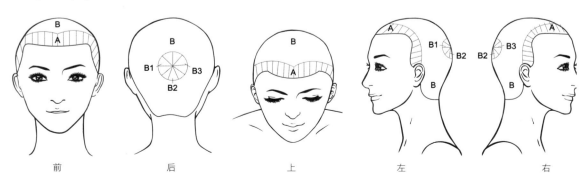

前　　　　后　　　　上　　　　左　　　　右